U0050643
仕家
狂接單
羅爸
極速秒殺
烘焙甜點
surprise paris
Paris
國民烘焙老爸 羅因福（羅爸）◎著

推薦序 RECOMMEND

第一次在臉書接觸到羅爸後，第一個印象是老師人也太好了吧！完全不藏私的教大家做甜點，幾乎有問必答。羅爸第一次出書，我也迫不及待的收藏和製作。書裡的操作方式清楚簡單，成品做出來漂亮又美味。

相信羅爸的第二本書，一定也可以讓大家在家就能自己創業接單，真心推薦羅爸的書，一定要人手一本啊！

懷古驛站民宿　李小貓

我的第一本烘培書，如果味蕾可以分成『瞬間』跟『永恆』兩種的話，我會毫無懸念選擇後者。烘培的迷人之處除了味蕾享受以外，手作中的創意發想更是充滿趣味！羅爸的食譜簡單好上手、食材易取得，處處承載美味的祕密。

彷彿與羅爸進行一趟美食之旅般輕鬆有趣，絕對是會想放在餐桌上反覆翻閱的一本好書。

顏味灶咖吐司專賣店　顏世欣

多年前為了家人興起學習烘焙的念頭，說實在市面上烘焙書籍琳瑯滿目，早期也入手了數本，但常常在配方、文字、作法複雜或細節上卡關而失敗，最後都落入塵封命運。直到在 fb 認識羅爸後，一路跟隨學習，課堂上羅爸認真又風趣的教學風格是大家所公認的，從配方到作法每個細節說明詳細到讓人印象深刻，回家便能快速上手。

羅爸第一本秒殺甜點書問市即大受歡迎，每個作法、細節、步驟都有詳細的圖解說明，照著書的步驟做便能成功烤出完整美味的糕點，最讓人貼心感動與佩服的是，羅爸的配方著重低油、低糖、天然無添加，享受美味甜點又不用擔心身體負擔，非常值得擁有的武功秘笈，超期待羅爸的第二本烘焙書。

洪麗容

我不是科班出身，從想做麵包開始對烘培產生興趣，藉由買食譜書來自我學習與摸索。從認識羅爸之後，老師不藏私的分享，讓我們受益良多，輕輕鬆鬆就能上手。同樣地，我也在期待老師的第二本書能烘焙出美味，銷售幸福。

莊文昌

羅爸教學完全不藏私！！以最簡單、最容易買到的材料，就能做出最美味的產品，讓我跟著書裡配方馬上就能上手接單，也讓我一下跳入了這個烘焙坑。第二本書，我也準備好，預備搶購了。

郭嘉嘉

因為想完成開甜點咖啡廳的夢想，一直在尋找喜歡的味道，無意間遇到羅爸開課，教學內容淺顯易懂，讓還是烘焙新手的我很快就能上手。羅爸的書內容創新熱門商品也大受好評！是完全不藏私一個很讚的老師。跟著羅爸，覺得自己離夢想越來越近。所以羅爸的書非常值得大推，當然可以跟老師上課更好！

廖孜語

想做甜點又怕只是三分鐘熱度，沒有烤箱，沒有工具更沒有烘焙底子，我能完成嗎？心裡這樣想著。直到某天在網路上發現羅爸的「雪 Q 餅」不需要烤箱，初學者也能即刻上手的小點心，立馬報名。上完課後，我懂了，一樣雪 Q 餅卻有很多的內涵技巧在裡面，是網路上學不到的。

無法親自上課，沒關係，羅爸將教學經驗集結成書，淺顯易懂的操作方式，還有食材的特性、如何取得、如何包裝、完美比例的配方，都讓初學者一次就能上手，快速達到在家也能狂接單。就這樣～我的人生小生意展開大獲好評，感謝羅爸讓我愛上烘焙這堂課。

李惠琳

透過 FB 看到羅爸分享的甜點照片，光用看的就吞了好幾次口水。為了一圓烘焙夢想終於報名了我的第一堂甜點課，羅爸的親切、毫無保留，讓我這新手更有信心，繼續玩烘培，當然也引頸期盼第二本新書。

吳慧純

上過好幾堂羅爸的課，課程淺顯易懂，講解親切又仔細。羅爸的第一本書早已成為我家孩子們的專用翻牌食譜，現在更是期待羅爸的第二本新書喔～

王小水

「“創”生活價值與藝術，讓手作溫度刷幸福的存在感」

我所認識的羅爸，精益求精的不斷挑戰研發各樣中西式甜點，且不吝惜分享自己多年的烘焙經驗，也因此讓我多次北上跟著羅爸學習，總能感受羅爸詼諧風趣的口吻，讓學習製作的過程中也參雜了歡樂的氣氛。我可以說，羅爸讓我征服不只是成品的味蕾，也是重拾手做的感動與成就。

雖然坊間烘焙書很多，但要找到簡單又好上手的不多。原本就有深厚烘焙底子的羅爸很樂於分享自身多年的經驗給大家，就像一本不私藏的秘笈，只要看著它，一步一步跟著做，內容淺顯易懂、一目了然按著書本的方式多試做幾次，就能找到屬於自己的訣竅；做出自己的味道，相信讓您在家也能成為家人的甜點魔法師唷…！

邱欣怡

作者序

開創商機，也要堅持簡單很美味

2015 年成立「羅羅愛的點心 DIY」FB 社團以來，非常感謝大家的支持與愛護，至今成員已超過 10 萬人。在這個大家愛烘焙的園地裡，總能感受到大家對烘培學習的熱忱。

烘焙是一件分享快樂的事，尤其看到小孩、家人與朋友吃得開心的表情，就是一種肯定。

從 14 歲在傳統麵包店當學徒開始，一路做到軍中的廚房，退伍後自已創業開店、上課教學……烘焙成了我終生的職志。

多年經驗打下扎實的基礎，或許因為不藏私的個性，在這條烘焙教學之路，正好可以與學員們分享。要謝謝學員們一路上的肯定與支持，進而出了第一本「在家狂接單！羅爸的人氣美味秒殺甜點」一書。

面臨宅經濟的時代來臨，許多教室紛紛開班教授「在家創業」的烘焙點心課程。不僅為喜愛烘焙的學員們帶來網路接單的商機，也帶起家人與朋友的情感串聯。

尤其在傳統節日前夕，從製作、包裝到出貨，全家一起完成接單，不也是一種幸福的滋味。

在家烘焙還能製造商機，用簡單的食材，變出天然的美味這是很好的投資和做開心的事。距離上一本書出版也隔了好一段時間。主要是一直在思考如何將品項再提升。並且延續第一本書的精神，讓喜歡烘焙甜點的朋友或是想在網路接單的家庭主婦、小資創業者，藉由認識更多的食材、烘焙器具，建立基礎概念、學習正確使用方式，並打下良好基本技巧培養出應變的思維能力。

這段出書前的準備期，要感謝二位寶貝女兒幫忙，在她們的協助下讓我更清楚學生的需求。第二本書終於完成了，期望喜愛烘焙的學生們一樣秉持著，善用天然的食材烘焙出健康美味甜點為出發。滿足每一位客人的需求，就是我最大的滿足與驕傲。

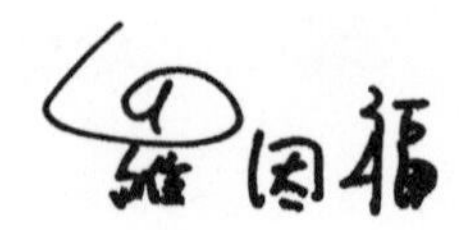

BONNE CHANCE BONNE JOURNEE BONNE CHANCE BONNE JOURNEE
BONNE CHANCE BONNE JOURNEE BONNE CHANCE BONNE JOURNEE

CONTENTS

Part 2

人氣不敗的美味蛋糕 POPULAR CAKE

CONTENTS

Part 3

回購率最高的塔點、餅乾 SWEETS & COOKIES

Part 4

節慶必搶的傳統中式糕餅

CLASSIC PASTRY

PREPARATION

FOREWORD

接單前，
得先搞懂的關鍵

打下良好的基礎概念，瞭解食材與工具之間的相互關係，

才能發揮所長，進階變化出美味又創新的風味，

滿足每一張愛吃的嘴。

認識主要食材

烘焙甜點，一定少不了麵粉、糖、奶油三大主角。除此之外，各種乳製品、蛋和能增添風味的輔助食材，在製作之前，若能先了解食材的特性，才能快速抓到要領，成功做出美味的甜點！

1. 粉類（Flour）

麵粉是烘焙中最不可或缺的食材之一，其材料原型來自於含有豐富澱粉質與蛋白質（麩質含量）的小麥，經過與像是蛋、水分等液體結合後，再經由揉搓產生具有一定延展性的「麵筋」便可製成不同的產品。

一般麵粉會依據蛋白質含量的高低；分為高筋、中筋與低筋三大種類。含量愈高，筋度就愈高，與水混合後的黏度也愈高，尤其經過搓揉所產生的彈性，在口感上也會愈發不同。

種類	蛋白質含量	主要用途	其它名稱
高筋麵粉	12～14%	麵包類、派皮	強力粉
中筋麵粉	9.5～11.6%	包子、饅頭	粉心粉
低筋麵粉	6.5～8.5%	蛋糕、餅乾	薄力粉、點心粉

- **玉米粉**：原料來自於玉米，用於醬料中具有凝結濃稠的作用，因不含任何麩質與筋性。添加在蛋糕或是餅乾內可增添鬆軟的口感。

羅爸小教室

麵粉一遇水就會產生變化，也是延展彈性的開始。除了水溫會影響筋性外，時間的延長也會讓筋性慢慢鬆弛，尤其製作中式糕餅、麵包時，過程中就需要讓麵糰休息，讓筋性可以稍稍鬆弛。但只要一經搓揉即容易恢復筋性。（要注意，用力過頭，也是會斷筋的哦）！

另外，鹽巴會破壞麵粉吸水力，使麵糰更明顯的有彈性。

糖，能增加麵糰的組織，調節濕潤度。也會影響成品的外觀與烘烤色澤。因此在製作點心時的配方比例與烘烤溫度，都要自己記錄下來，做為日後的調整依據。

2. 甜味的糖（Sugar）

糖在烘焙的製作過程中，除了增加甜味和柔軟度之外，同時具有支撐結構與提升香氣的作用，是不可或缺的重要材料之一。

- **特砂糖、細砂糖：**具有保水和吸水的特性，運用在烘焙上除了能長時間保持蛋糕的濕潤口感外，也能延長成品的保存期間。經過加熱後，所產生的梅納效應，讓成品容易上色也增加香氣。
- **糖粉：**常被做為裝飾用。純糖粉會因粒子太細容易受潮而結塊，因而會添加少量的玉米粉來防止結塊。購買糖粉和純糖粉時要特別留意一下。
- **上白糖：**屬於蔗糖的一種，甜度和砂糖相近，但吸濕性比白砂糖來得好，因此常被用來取代白砂糖。
- **海藻糖：**來自於植物中的雙醣，甜度是砂糖的 40% 左右。主要是為了降低甜度，但不建議完全取代砂糖，以免影響麵粉的發酵和烘焙的色澤。

3. 奶油（Butter）

在烘焙中奶油也是影響風味的重要食材之一。奶油和鮮奶油都是利用牛奶處理過後所製作出來。其差異在於乳脂含量，奶油的比例高達 80% 以上。

經常用於烘焙的奶油製品種類：

- **含鹽奶油：**含少許鹽分，可保存奶油的風味，用來烹調或是塗抹都很適合。
- **無鹽奶油：**無添加鹽的奶油，不會影響烘焙成品，因此在烘焙上絕大多數都喜歡用無鹽奶油。
- **發酵奶油：**在原生乳中加入乳酸菌，經自然發酵後所製造出來的奶油製品。帶點酸味，油脂含量也高一些些，能為烘焙的成品多增添風味。

- **澄清奶油（無水奶油）**：去除奶油中的蛋白質、水分、乳糖和其它乳脂固形物之後，所留下 100% 純奶油脂肪。最常用於需要奶香又要保留酥軟口感的中式糕點上。
- **鮮奶油**：指含有 35% 以上的乳脂肪，具有跟雞蛋一樣的起泡性。依油質的來源不同，分為動物性鮮奶油與植物性鮮奶油兩種。
- **動物性鮮奶油**：因含有脂肪，在低溫下能保存更多的空氣讓打發的硬度愈高，所以夏天要打發鮮奶油時，最好隔著冰水操作或是將打蛋器、調理盆先放到冰箱冷藏後再使用，可節省打發的時間。
- **植物性鮮奶油**：以人工添加物製作而成。其散發出的奶香味也是經由調配而成，因其穩定性高，常用於蛋糕裝飾上。缺點是，不易於人體代謝。

羅爸小教室

鮮奶油，在製作甜點時常用來做為填裝內餡或是裝飾用，透過不同程度的打發，製造出鬆軟、綿密又滑順的口感。

打發鮮奶油，可以透過攪打時的紋路與濃稠度來判斷，或將打蛋器拿起來觀察尾端上所形成明顯的勾狀，即能直接使用。切勿過分打發，使質感變得鬆散或起顆粒後就無法復原了。

鮮奶油一經開封後，開口要保持乾淨再密封放入冰箱冷藏，最好在一個月內用完，以免滋生細菌。保存時千萬不可以冷凍，否則容易造成油水分離。

4. 雞蛋（Egg）

具有起泡性，尤其以蛋白的起泡性最爲明顯，一但打入空氣後，蛋白會凝固變硬成爲安定的氣泡，這也是支撐蛋糕的主要口感來源。

市售的雞蛋大都分成紅蛋和白蛋，雖然品種不同，成分並沒有什麼差別，但紅蛋的蛋黃因色澤較深，在成品上的賣相表現相對出色些。

羅爸小教室

蛋要冰還是不要冰？製作蛋糕都是靠蛋白來打發。用冷藏過的蛋來打發，其穩定度會比常溫的蛋白更好，泡沫也會較為細緻哦！

乳酪起司（Cream cheese）：

起司、乳酪、芝士……用的是動物的鮮奶經加工製成的「Cheecs」含有豐富的鈣質、蛋白質與脂肪。會因乳源與製造方式不同，而生產出各式各樣的風味乳酪，有適合直接塗抹在麵包上，或是混合其他食材，用來製作起司蛋糕。

- **馬斯卡彭起司**：是義大利經典甜點「提拉米蘇」的主要原料，脂肪含 量豐富，口感細緻，是產於義大利的令人無法抗拒的鮮乳酪。

其它食材

- **各式天然色粉**：可可粉、抹茶粉、芋頭粉、蝶豆花粉…都是取自天然食材萃取出來，在烘焙上不僅可以增加色澤，也能增加風味哦。
- **各類果乾**：利用低溫烘乾的各類果實，仍保有天然的色澤與香氣。需要注意的是保存在乾燥無潮濕的地方。

基礎工具一定要有

完善的工具，能提升接單的時間與生產效能。因此必要的生財器具絕對要有。購買前先確認家中的設備與空間及自己的目標，再做爲添購設備的調整與考量，才能將工具發揮最大效用！

烤箱

烘焙要做，烤箱要有。對於有意將在家接單做為目標者，烤箱建議最好以 40 公升以上，可調上下火為主做為考量。本書使用是以好先生及烘王二款烤箱為主。

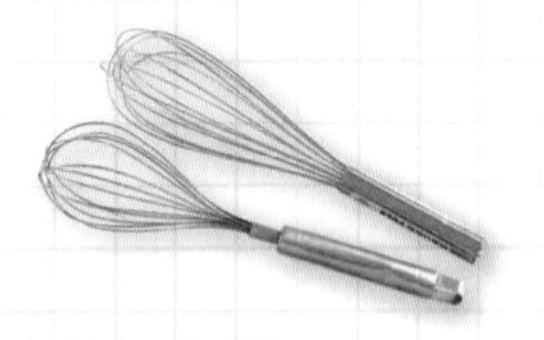

手動打蛋器

用來均勻攪拌食材，有不同尺寸之分。建議挑選時要選鋼絲粗一點為佳。

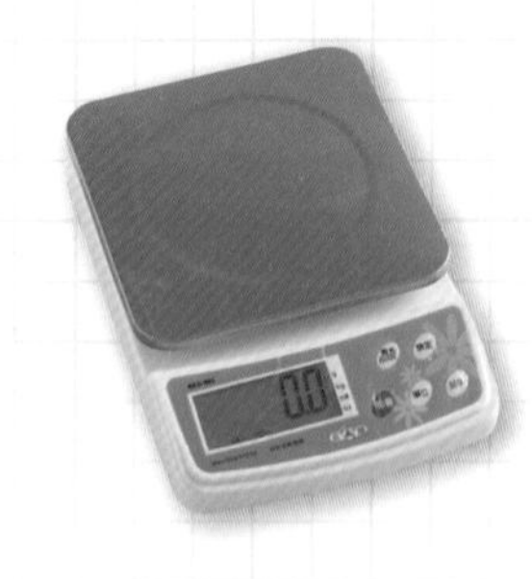

電子秤

烘焙講求配方的精準度，才能保持商品的穩定度。購買時需注意秤的秤重範圍。一般家用電子秤可以秤到 3 公斤，最小單位可以計量到 0.5 ～ 6 公斤為最佳。

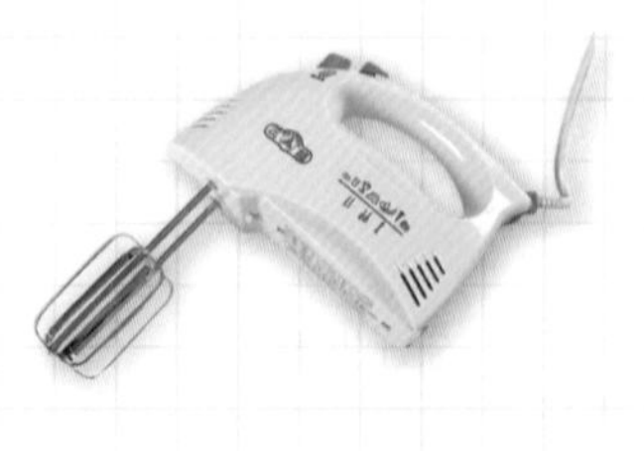

手持電動攪拌器

主要用來打蛋白、鮮奶油等輕巧型的工具。能快速打發蛋白、鮮奶油等。

桌上型攪拌機

製作分量較大時，桌上型攪拌機可以縮短製程，也讓烘焙的過程輕鬆許多。

紅外線槍型溫度計

屬於「非接觸型」，不會碰到食物，既安全又衛生，事後也不必額外清洗。不過此溫度計無法測量食物內部的溫度。

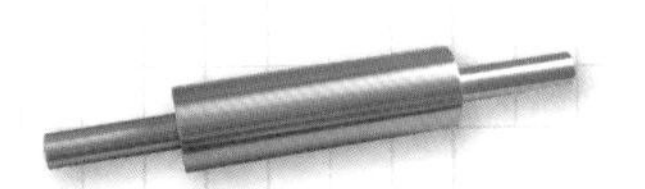

不鏽鋼擀麵棍

製作派塔或需將麵糰做延展壓平時使用。不鏽鋼的材質比木製更重，同時具有冷卻的效果。

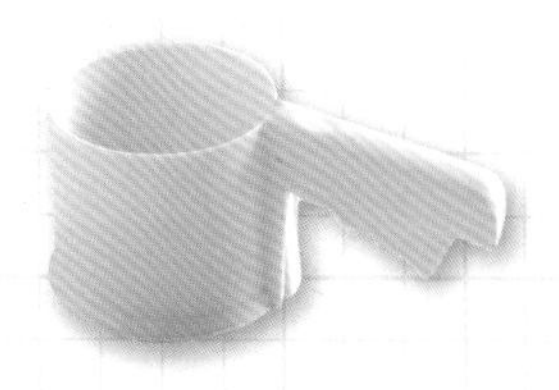

過篩器

取代傳統式的篩網，單手按壓即可輕鬆過篩，杯子造型可直接盛裝且讓麵粉不易四處飛散，既輕鬆又便利。

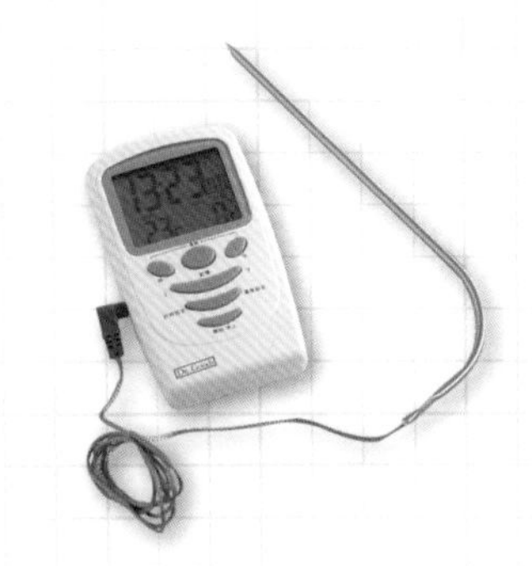

長線型料理溫度計

桌上型探針式，測溫範圍可達 300 度左右，是測量高油溫時最好的幫手。需注意是其感應線較為敏感脆弱，測量時要特別固定好，以免造成測量上的誤差。

手把式篩網

市面上有多種篩目可供選擇。由於圓形面積較大，容易在過篩時粉體四溢，使用時要特別留意尺寸大小和力道。不論是手把型或是杯子型的篩網都有各自的擁護者，就依自己的習性來做選擇吧！

隔熱手套

能在進出烤箱時，保護雙手。挑選時以雙層厚棉為佳，三層的五指套保護力更好。

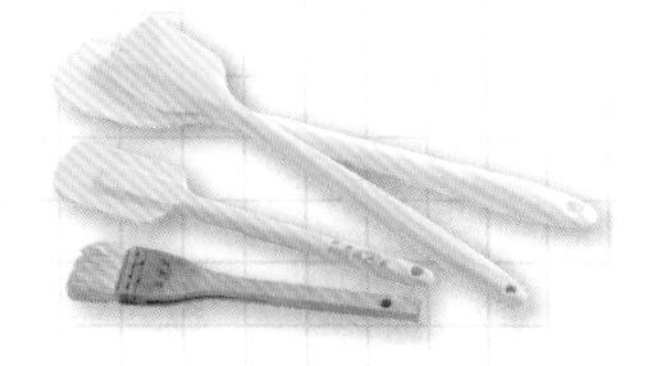

橡膠刮刀 / 刷子

若需碰到加熱食材時，建議可選具耐熱性的矽膠刮刀較為安全。

計時器

在烘焙進行的階段，便於準確掌控時間。

牛奶鍋 / 平底中華鍋

以不沾鍋為主，可用來煮糖漿或餡料不易黏鍋，減少耗損。

擠花袋

搭配各式花嘴擠出不同花紋，可重覆使用。使用後，需清洗晾乾以便下次再使用。

迷你鯛魚燒烤盤

適用於瓦斯爐，有耐熱的手把不怕燙，碳鋼材質導熱快。輕巧方便，但實在太迷你了，並不適用於需大量接單者。

麵糊分配器

定量式的按壓分裝器，是製作蛋糕或是填充醬料時，最省時省力的工具。

家用蛋捲機

做蛋捲之外，還可以用來煎薄餅，十分便利。

天使鈴烤模

選擇厚薄平均導熱好的模具，可讓烤出的成品更漂亮。

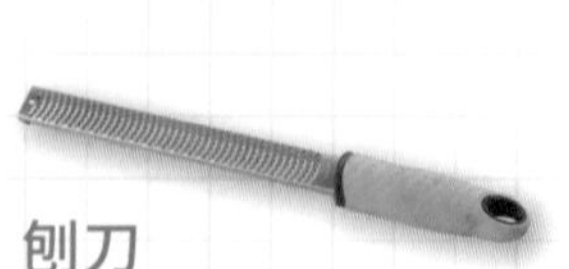

刨刀

專為刨檸檬水果皮而生的皮屑削刀。

壓力克模板

有多種形狀圖案可供選擇，在做餅乾時能讓形狀統一，賣相更佳。

塔模 / 慕斯圈

均為烘焙常用塔模，可依自己的需求添購。

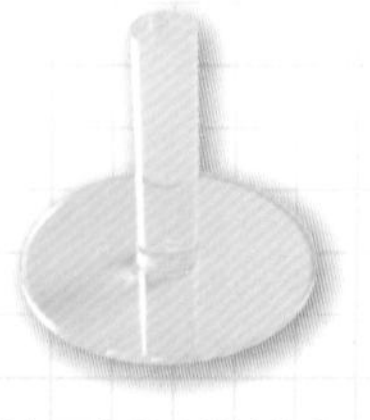

壓模器

力道均勻地壓製派塔模專用。

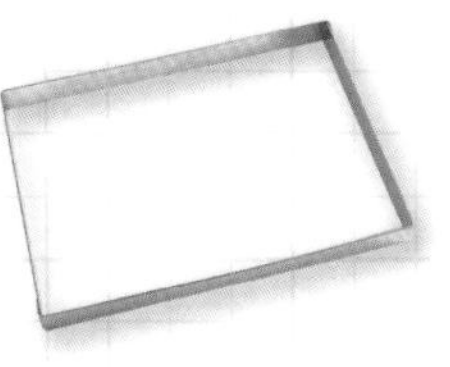

鐵框

專為製糖與雪花酥訂製。

切糖刀 / 切糖尺

製作年節糖果的輔助工具。

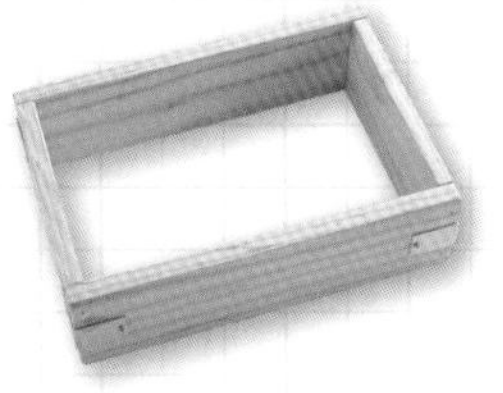

木框

能烘焙出美味的古早味蛋糕。

包材

針對烘焙成品，選擇適合的包材有助提升商品的質感。

烘焙紙

能讓油脂和水分不易滲透，比較好脫膜。尤其是加了起司的產品，絕不能以白報紙取代烘焙紙。

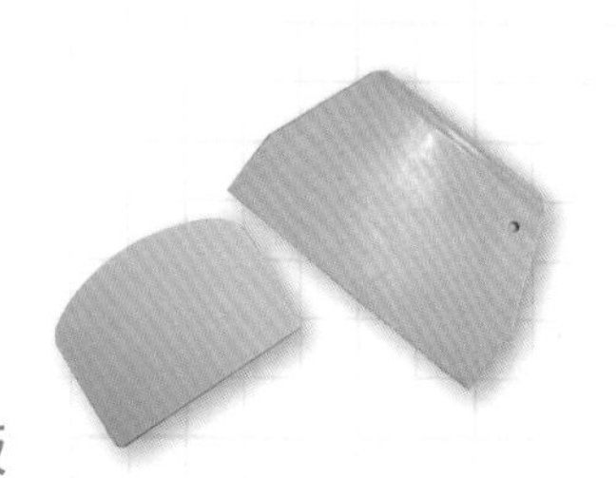

刮板

有軟質和硬質二種材質，用來切割麵糰或刮平麵糊使用。

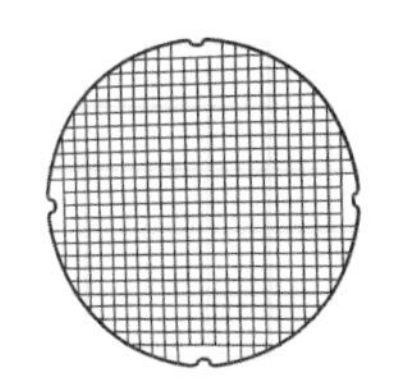

置涼架

大部分成品出爐時，需要立即脫模、放涼才能進行包裝，置涼架有助於濕氣與熱氣排出。

烘焙透氣烤焙墊

具透氣的材質，有助於麵糰在烘焙時排出濕氣，達到鬆脆的效果。

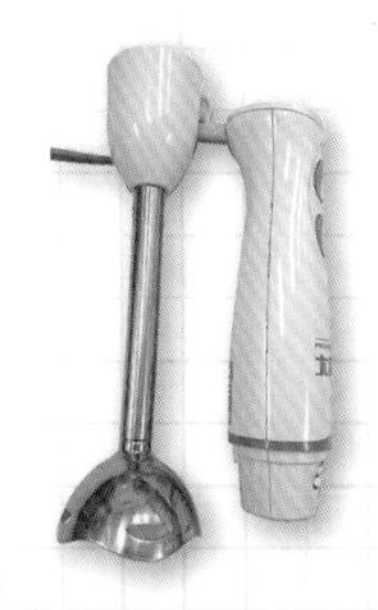

調理均質機

食材能更平均的攪打，讓口感更細膩。

封口機

將包裝直接封口，除了衛生之外，更有助延長成品的保存時間。

CHEESE CAKE

PART 1

接單必備的
起司蛋糕

起司蛋糕又稱為乳酪蛋糕，

以濃郁奶香及超滑順的綿密鬆軟口感而深受喜愛，

經過高溫烘烤後，散發迷人的焦糖香，

尤其冷藏過的風味更是呈現多層次的變化，

絕對能滿足起司控的味蕾。

BONNE
BONNE

經典紐約客起司蛋糕

烘培重點

7 吋蛋糕模

烤盤
41.5×33×3.5 公分

上火 180°C

下火 120°C

約 70 分鐘

冷藏 3 ～ 4 天

冷凍保存 30 天

事先準備

- 裁 5×6 公分和 7 吋框的圓形的烘焙紙
- 將 7 吋模先用以烘焙紙框做出圍邊
- 乳酪事前 1 小時先從冰箱取出，回溫放軟
- 烤箱預熱上火 180°C，下火 120°C
- 隔水烘烤需備 1 大 1 小的烤盤

材料

奶油乳酪............400g
動物鮮奶油 150g
低筋麵粉...............10g
玉米粉 15g
無糖優格............100g
全蛋...................100g
細砂糖 100g
檸檬汁 10g
餅乾粉 120g
無鹽奶油...............45g

製作餅乾底

1 奶油以小火融解煮到45度，略帶有焦香味。

2 餅乾粉倒入奶油中，攪拌均勻。

3 將拌好奶油的餅乾粉均勻地壓入蛋糕模內。可用輔助工具將餅乾壓緊實。再放入冷凍冰 10 分鐘，讓餅乾底變硬。

製作乳酪糊

4 軟化的乳酪先以橡皮刮刀平均壓軟。再加入細砂糖以慢速拌均勻後加入優格。（乳酪不可打發！）

POINT！

過程中，需要從下方往上拌並將四周的乳酪刮鋼下來，以防止乳酪結成顆粒狀。

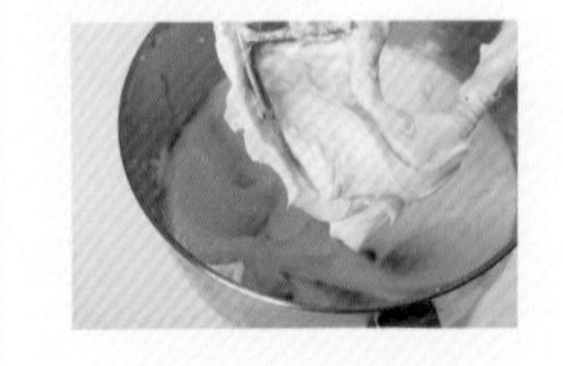

5 蛋需分次（2～3次）加入，以乳酪糊吸收為主。

6 加粉前，需要先刮鋼，加入過篩的低筋麵粉與玉米粉才不會沾黏容器。

7 慢慢加入動物鮮奶油、檸檬汁拌勻吸收。

8 將麵糊以濾網過篩，使麵糊更細緻。

9 從冰箱取出餅乾體，麵糊由中間開始倒入。

10 另外準備一個較大的烤盤盛裝，烤盤內倒入 1 公分的熱水。

11 入烤箱前先用竹籤均勻的在麵糰裡多畫幾下，可消氣泡。放入預熱好的烤箱內，烤 50 分後，開小縫再續烤 20 分鐘。

12 烤出來的乳酪蛋糕放冷後放入冰箱冷藏一天。

隔日再食用更美味。

羅爸小祕訣

★製作乳酪蛋糕，要用烘焙烤紙不可以用白報紙才好脫模哦！

★為使乳酪口感更細綿密，全程要用慢速。最後再以濾網濾過，更滑順。

CHEESE CAKE

金磚蜂蜜莓果乳酪蛋糕

烘培重點

木框
32×22×9 公分

烤盤
41.5×33×3.5 公分

第一階段
上火 190°C
下火 130°C
第二階段
上火 170°C
下火 130°C
第三階段
上火 170°C
下火 130°C

第一階段
放中層
先烤 15 分
上色後調頭
第二階段
烤 30 分
調頭續烤
第三階段
45 分

冷藏 4 天
常溫 2～3 天

事先準備

- 木框，需事先鋪上烘焙紙

- 準備一個比木框大的鐵盤
- 烤製時需採用隔水烤，因此需準備一個比烤模更大的烤盤，以方便將烤模放進去
- 烤箱預熱上火 190°C、下火 130°C

材料

奶油乳酪.............200g
蛋白....................300g
蛋黃....................200g
無鹽奶油.............120g
牛奶....................180g
低筋麵粉..............60g
玉米粉..................50g
細砂糖................140g
蜂蜜......................38g
蔓越莓................適量
香草酒.............1 小匙

製作乳酪蛋黃糊

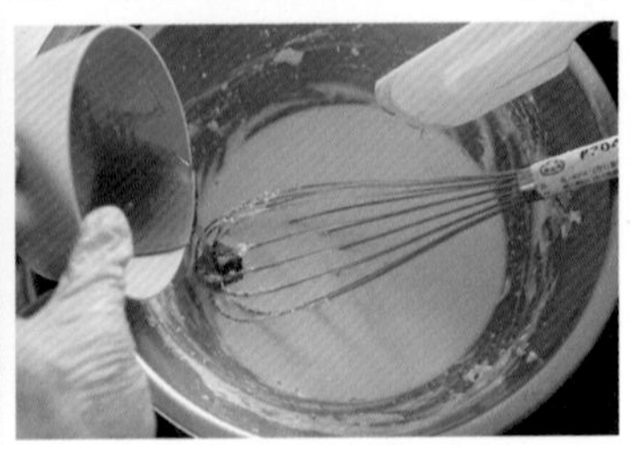

1 以隔水加熱法將乳酪軟化後，加入牛奶攪拌均勻。

2 加入蜂蜜邊煮邊攪拌，才能均勻不黏鍋，容器的周圍也記得刮拌。

3 乳酪糊以隔水加熱煮至50～55度左右，再加入軟化的奶油。關火讓奶油自然融化。

4 保持熄火狀態，加入過篩的低筋麵粉和玉米粉拌勻。

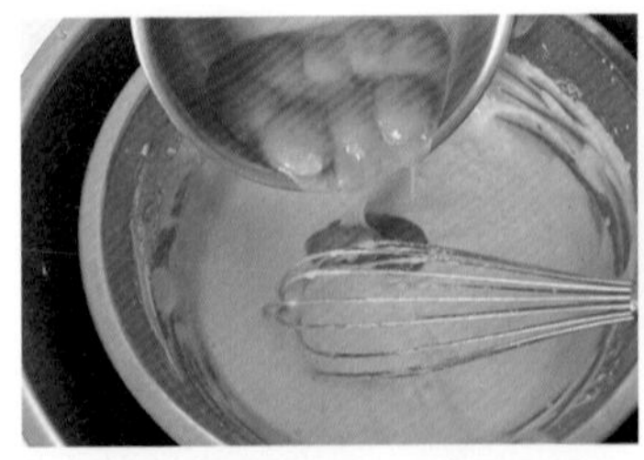

5 倒入蛋黃攪拌，並讓麵糊溫度維持在 40 ～ 45 度，若溫度太低可以開小火加溫。備用。

打發蛋白

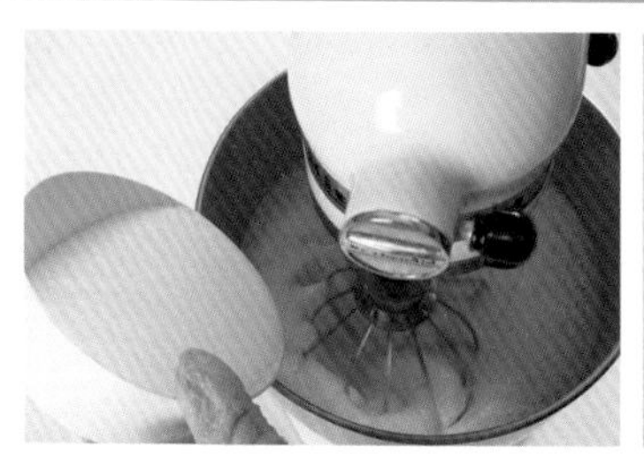

6 將冷藏蛋白放入盆中，以中高速打到出現粗泡後，轉中速，加入一半的細砂糖和少許的檸檬汁。

7 蛋白打發至紋路較明顯後，再加入另一半的砂糖。改慢速將蛋白打發至打蛋器尾端約有 2 指勾半的彎度。

混合

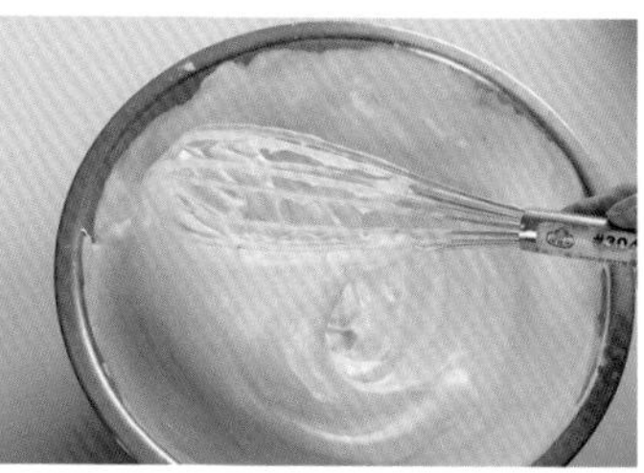

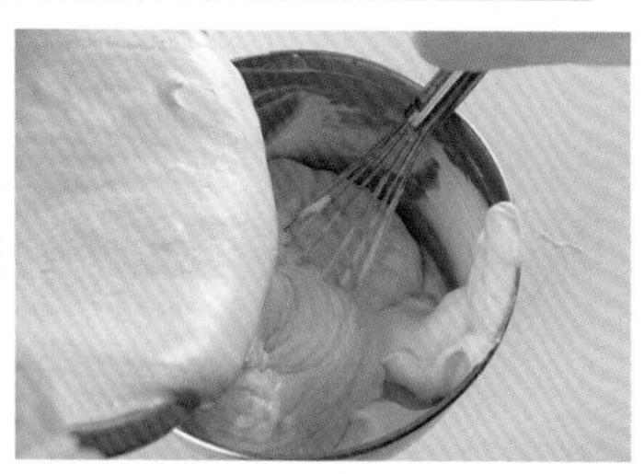

8 舀 1/3 的蛋白霜拌入乳酪蛋黃糊中，從底部往上輕柔翻拌至看不到蛋白霜即可。

9 將拌好的蛋黃糊再回倒蛋白霜內，翻拌至看不到蛋白霜，麵糊呈現滑順有光澤。

10 準備好鋪好烘焙紙的木框，放在鐵盤內再隨性的撒下蔓越莓果乾，將麵糊由中間倒入框內。

11 藉由刮板將麵糊輕輕刮平。

12 準備一個烤盤，注入500cc的水，將木框蛋糕放入，再移置預熱好的烤箱內，先烤15分上色，調上火170、下火130度烤30分鐘調頭，再烤45分鐘。

13 經過90分鐘的烘烤，出爐重摔後，連同烘焙紙一起將蛋糕拉出來，撕開周圍的烘焙紙，放涼後修齊蛋糕邊。

14 可隨自己喜歡的尺寸切蛋糕，並在表面上烙下圖案。

羅爸小祕訣

★利用冷藏蛋白打發蛋白，蛋白會特別綿密。蛋黃糊則要保留點溫度，這樣結合蛋白才不易消泡哦！

羅爸烘焙小教室

木框烘焙紙這樣折

烤盤內鋪上烘焙紙，除了好脫模之外，烤出來的蛋糕會比較漂亮

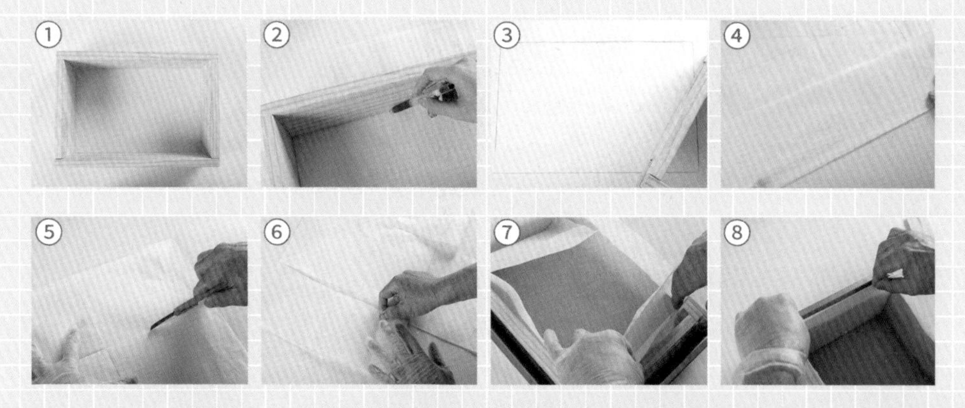

取一張烘焙紙，先依木框內部畫出尺寸，再將烘焙紙摺出內框大小後，沿著對折的四個角裁開再放入木框內，成為立體紙模，將紙模預留框邊約 1 公分高，其餘摺疊可用果醬、麵糊黏住可增加強度。也不易影響到蛋糕體。

木框的小優點

木框保濕性佳，導熱性比鐵製烤模慢但受熱均勻，烤出來的蛋糕柔軟有彈性，也不易焦黑哦！

CHEESE CAKE

香緹乳酪蛋糕卷

烘培重點

烘王烤盤
41.5×33×3.5 公分

7065 花嘴 + 擠花袋

第一階段
上火 220°C
下火 130°C
第二階段
上火 180°C
下火 130°C

第一階段
放中層
先烤 15 分
待上色後調頭
第二階段
烤 13 分

冷藏 3 ～ 5 天

常溫 2 ～ 3 天

事先準備

- 烤模內鋪上烘焙紙或白報紙。並且多備一張烘焙紙備用

※ 將烘焙紙裁成與烤盤相同大小，先在烘焙紙上畫出四個角，再沿線對摺切開四角，再以蛋糊黏住，以免烘烤時垂下來碰到蛋糕體。

- 低筋麵粉過篩，備用
- 烤箱預熱上火 220°C、下火 130°C

材料

[外皮裝飾線條]

低筋麵粉...............40g
全蛋液..................50g
沙拉油..................40g
水........................40g
圓型擠花嘴.......... 1 個
防潮糖粉少許 (裝飾用)

[蛋糕體]

蛋白....................304g
細砂糖................148g
蛋黃....................120g
植物油................100g
低筋麵粉............135g
玉米粉..................15g
牛奶....................120g
鹽...........................1g

[內餡]

馬士卡邦起司......100g

細砂糖..................30g
動物鮮奶油.........200g
橙酒........................5g

製作外皮畫線蛋黃糊

1 將植物油和水放入鍋內。再開小火。要邊煮邊攪拌，才不會產生油爆。

2 煮滾後，倒入過篩的低筋麵粉攪拌，保持小火。

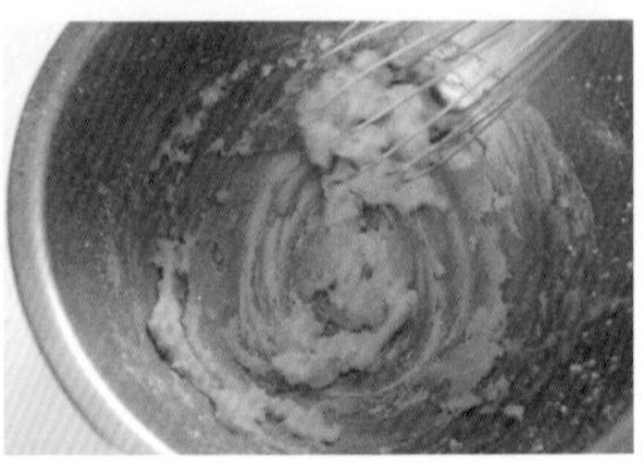

3 煮至糊狀。熄火。

4 將蛋液分 3 次慢慢倒入，讓蛋液能確實吸收。

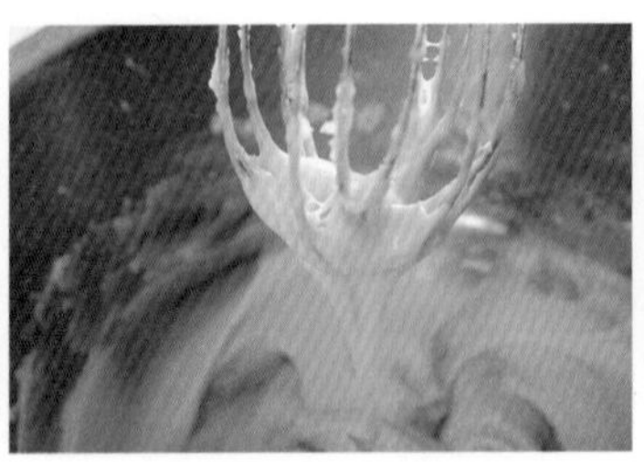

5 將蛋黃糊調至好擠的狀態。蓋好靜置，待蛋黃糊處理好，再裝入三角擠花袋，備用。

POINT！
若蛋黃糊太乾，可增加蛋液調來整濕度。

製作蛋黃糊

6 牛奶放入盆中，加入沙拉油和鹽巴先結合，攪至乳化。

7 加入過篩的低筋麵粉和玉米粉一起攪拌。

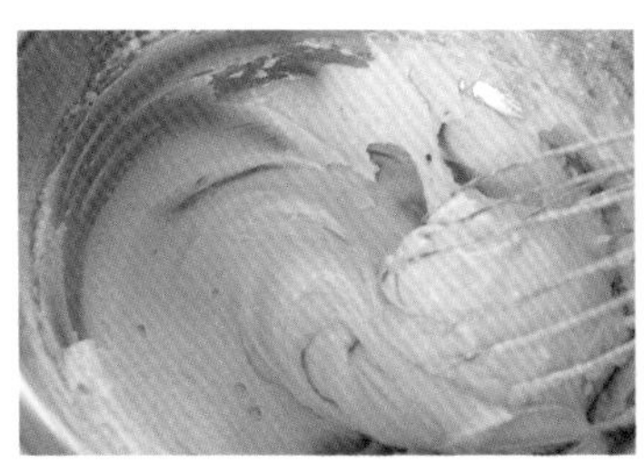

8 動作要輕揉，翻拌至看不到低筋麵粉的顆粒即可。（一直拌低筋麵粉會出筋）

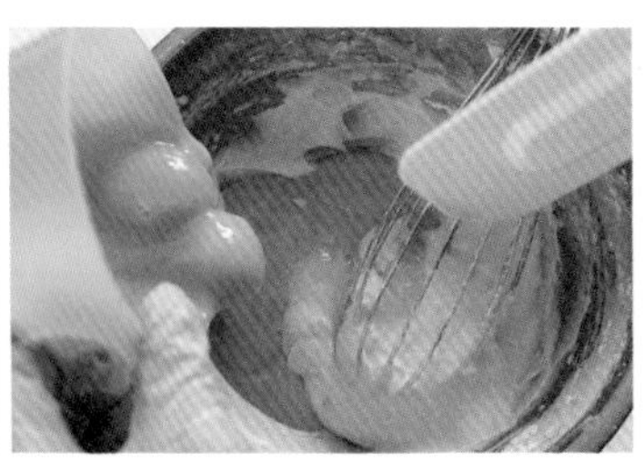

9 倒入蛋黃液混合均勻。

10 待結合後蛋黃糊會呈現光澤感，就可靜置一旁備用。

打蛋白

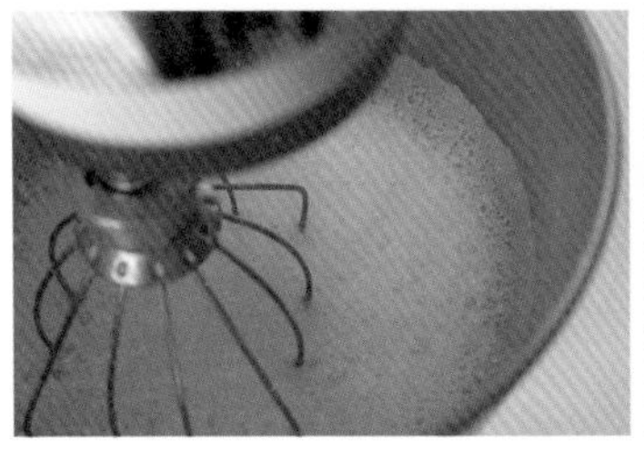

11 冷藏蛋白放入盆中，以中速打到出現小泡泡（類似魚眼）。白砂糖要分三次加。

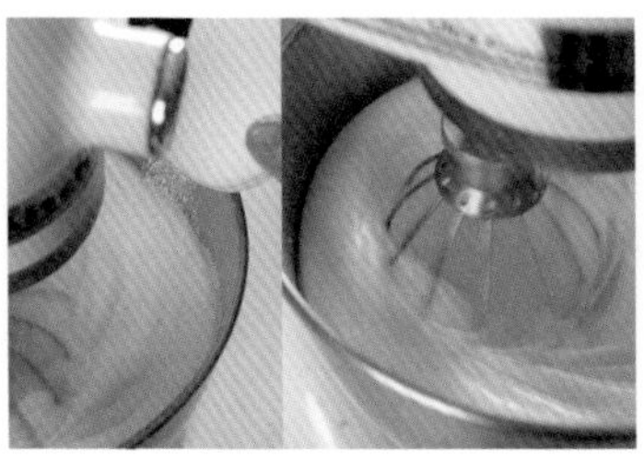

12 加入 1/3 的砂糖，續打到泡泡變小且變高。再加入 2/3 的糖繼續打發蛋白。

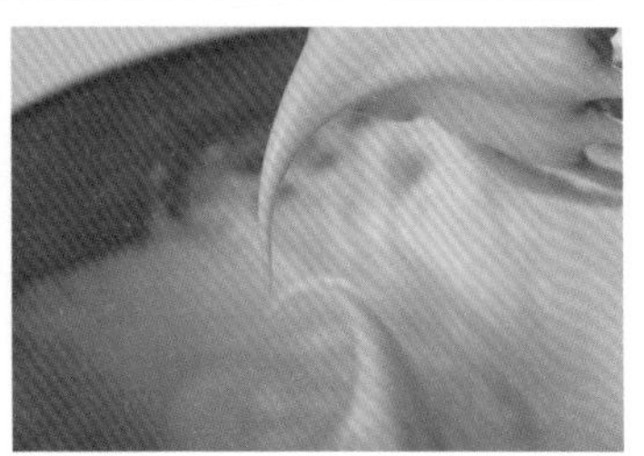

13 打到蛋白中乾性發（約 2 指勾）。

POINT ！
停止前，要均勻的攪拌一下蛋白，避免底部沈澱。

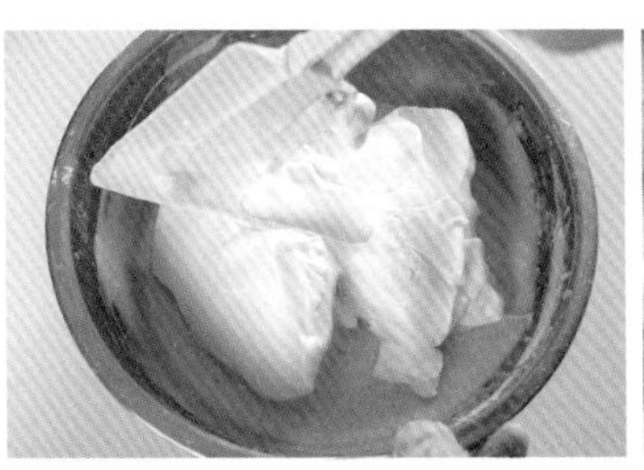

14 混合蛋白與蛋黃糊。取 1/3 蛋白至蛋黃糊內，由下往上將其混勻。

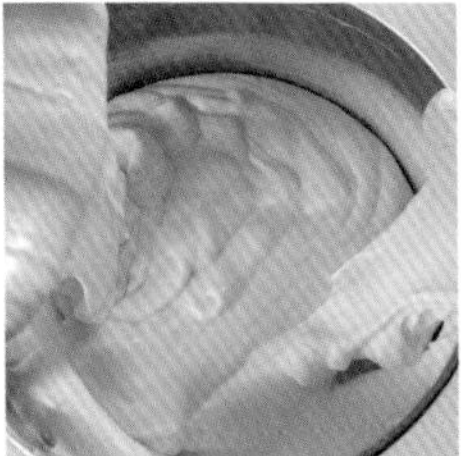

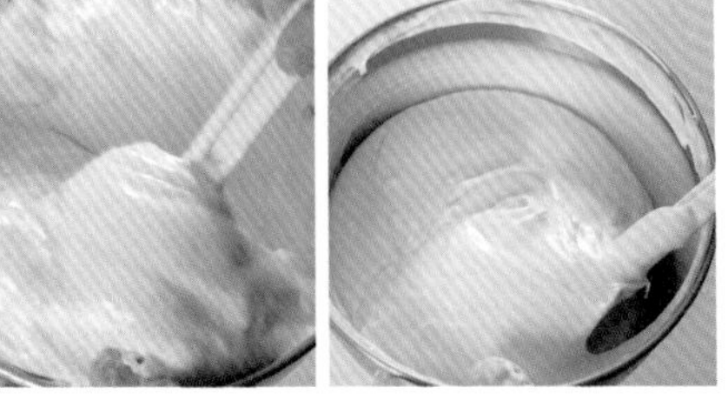

15 拌勻後，將蛋黃糊倒入蛋白內，以順時鐘方向由下往上拌到看不見蛋白。

POINT ！
動作要快也要輕，以免蛋白消泡。

16 備好鋪好烘焙紙的烤盤，將麵糊由中間倒入。

17 以刮刀將麵糊平整的推平到四個角落。

畫外皮線條

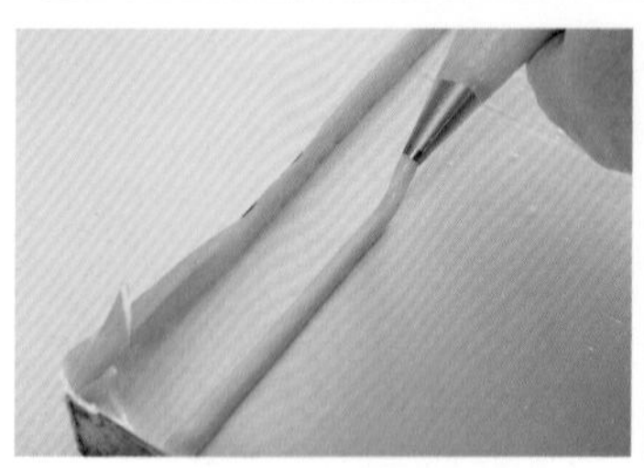

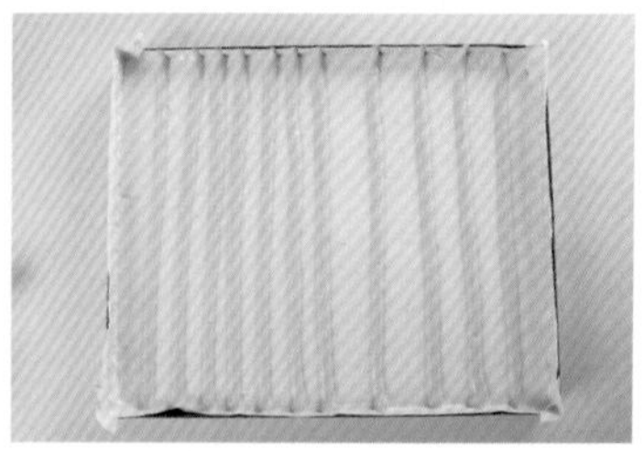

18 取備好的三角擠花袋。先在推平的麵糊左右二側畫出基準線的線條範圍。

19 再畫中間線，並由兩側平均取出間隔來畫線條。

20 畫好線條，不需敲盤，直接送入預熱好的烤箱內，以免線條移位。

製作內餡

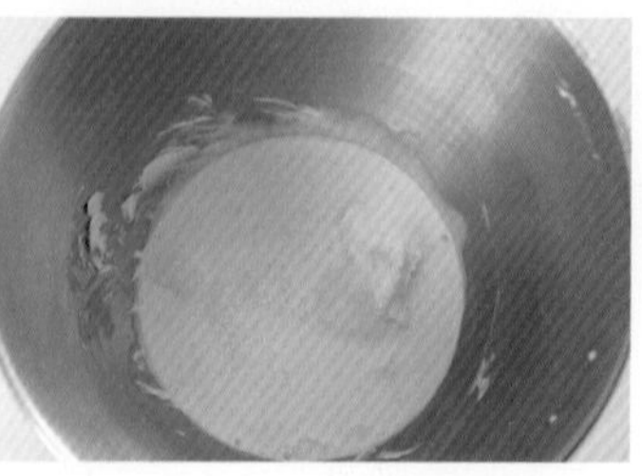

21 馬士卡邦起司先以工具壓軟。

22 分次加入糖、動物鮮奶油與橙酒一起打到乳酪成濃稠狀。

填裝蛋糕

23 蛋糕出爐後，連同烘焙紙一起將蛋糕拉出，放在散熱架上，撕開周圍的烘焙紙，讓蛋糕冷卻一下。

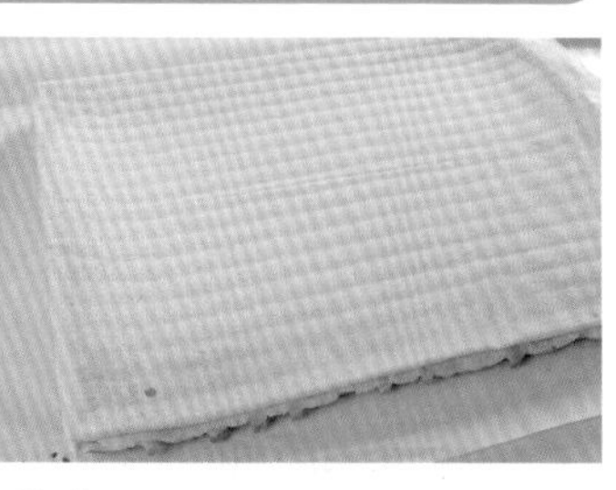

24 取烘焙紙蓋在蛋糕體上，將蛋糕體直接翻面。撕下底部的烘焙紙。

25 將打好的乳酪內餡由中間開始往二側推平。保持中間厚，側邊薄。

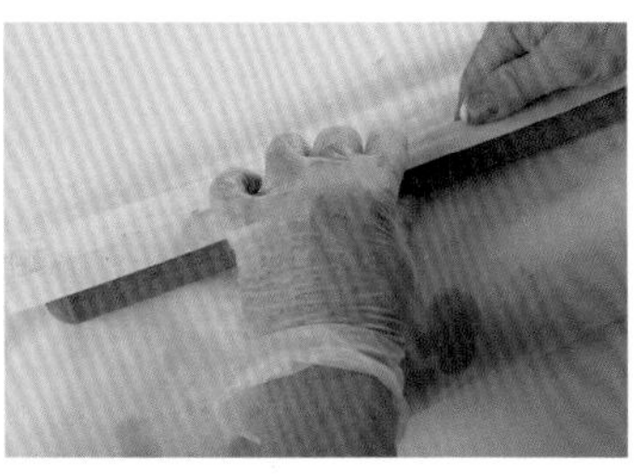

26 利用擀麵棍將蛋糕捲出圓桶狀。

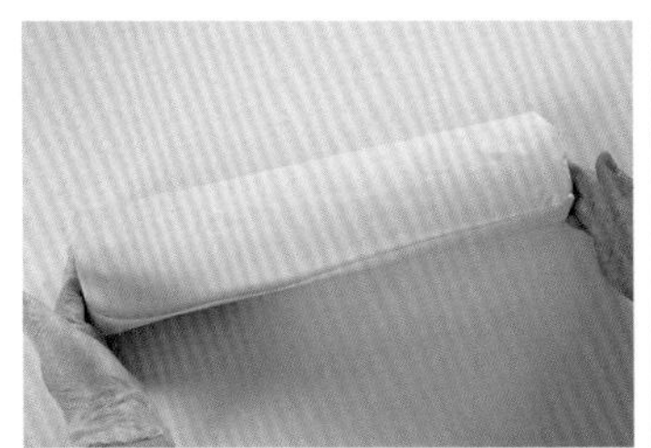

27 二側邊紙張摺好，再將蛋糕捲放入冰箱冷藏至少 30 分鐘。

28 取出冰鎮好的蛋糕體，可直接切半灑上防潮糖粉，即完成囉！

羅爸小祕訣

★馬士卡邦乳酪，事先壓軟，再進行加工，味道會更好。

★蛋白先冷藏打起來較為細緻。

春季限定草莓芙蓮

事先準備

- 7 吋的慕絲模需用透明膠片做圍邊
- 馬士卡邦起士室溫先放軟
- 先將餅乾打成粉狀，或是直接購買餅乾粉
- 吉利丁泡冰水，軟化後要立即取出瀝乾備用

材料

[蛋糕主體]

無鹽奶油...............48g
馬士卡邦起司......100g
原味優格.............100g
白砂糖.................78 g
動物鮮奶油...........50g
吉利丁....................7g
動物鮮奶油.........200g
奇福餅乾.............105g
橙酒.......................10g

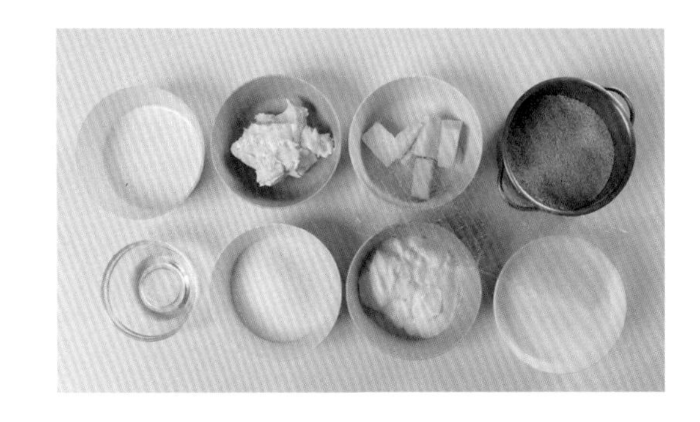

[上層果凍面]

進口草莓泥.........600g
細砂糖..................80g
開水....................500g
吉利丁..................10g
檸檬汁..................80g
大顆草莓..................8g
小顆草莓...............15g

製作主體底層

1 取一容器，用小火將奶油煮至融化，最好帶點焦香味再熄火。

2 餅乾打成碎粉末狀，直接倒入奶油中，攪拌均勻，讓餅乾可以充分吸收奶油。

3 取 7 吋的模具，底部需墊一層烘焙紙，模具內圍好一圈圍邊。再將拌好的餅乾末，均勻的壓入模具內。

4 要確實壓緊，才不會散掉。可利用輔助工具壓緊後，放入冰箱冷凍 10 分鐘讓餅乾硬化。

羅爸小祕訣

★慕斯的底層也可以改用手指餅乾來取代。

5 鍋內倒入動物鮮奶油，再把泡冰水的吉利丁瀝水後放入，開小火邊煮邊加溫到 50 度左右，熄火待冷卻。

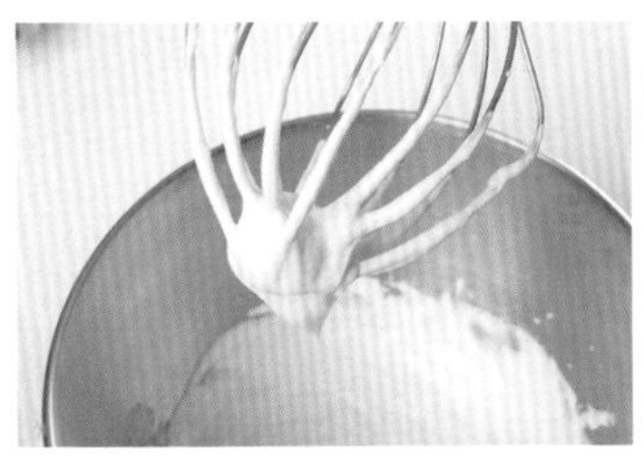

6 接著將 200g 的動物鮮奶油加入 78g 的糖打到 6 分發出現紋路即可以。

7 將放到冰箱的餅乾體取出，將新鮮草莓對切後，一片一片沿著模具圍邊。

8 100g 的 Mascarpone 起士先壓軟，壓出更細緻的口感。

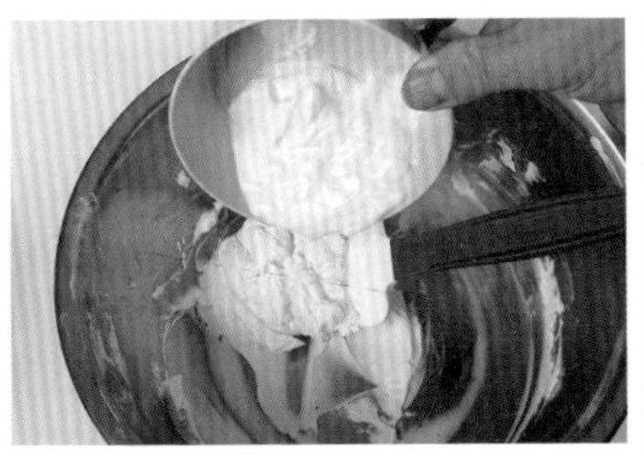

9 100g 的優格要倒入之前，要先將水分瀝掉。

10 優格與起司先快速拌勻到看不顆粒，產生滑順感後再倒入步驟 5 冷卻後的吉利丁液和橙酒拌勻。

11 將拌好的優格起司，倒入步驟 6 的動物鮮奶油用刮刀拌勻。

12 濃稠的起司糊，由中間倒入貼好草莓邊的餅乾上。

13 用刮刀由內向外慢慢將縫隙推滿推平。

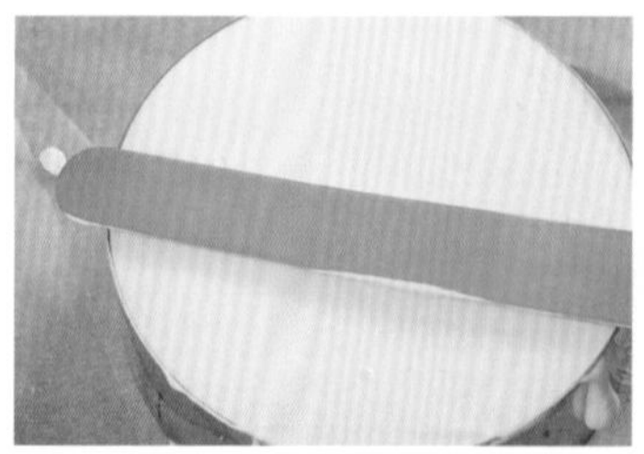

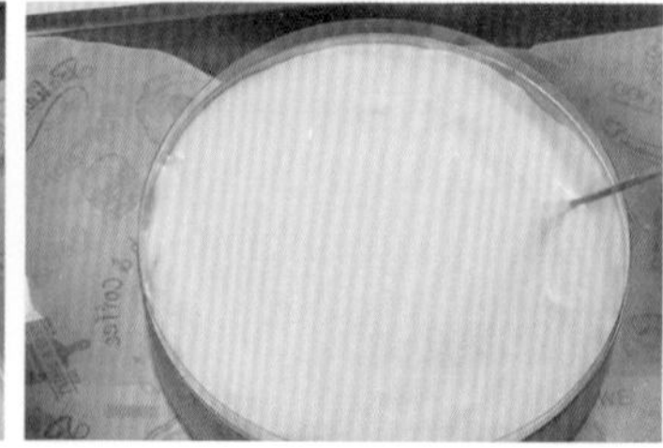

14 最後用刮刀將表面抹平。

15 邊緣的小縫隙用竹籤將洞孔補滿補平。最後拿起來輕輕敲震勻，放入冷凍 30 分鐘，冷藏則需要 2 小時。完成芙蓮蛋糕的主體。

製作草莓泥凍

16 吉利丁先用冰水泡 5 分鐘後直接取出放入鍋內，倒入 50 cc的水和 46g 的細糖與 200g 的草莓泥，一起加熱至 50 度左右後，熄火加入檸檬汁拌勻。

17 以濾網將草莓泥過濾，同時也能濾掉雜質和泡沫。並且讓水果泥降溫到 30 度左右。

18 將冰箱的芙蓮蛋糕主體取出。草莓果泥由中間慢慢倒一層在蛋糕體上。

19 倒滿後，再小心的移入冷藏 30 分鐘，讓草莓果泥有時間結成凍狀。

20 取慕斯框小心抽掉圍邊，一顆漂亮的草莓芙蓮就完成囉！

羅爸小祕訣

★這是一款不用烤箱，簡單容易完成又很受歡迎的一款乳酪蛋糕。若是喜歡蛋糕口感的人，也是可以把餅乾體換成蛋糕體，而在季節水果限定上，也可以利用芒果來製作哦！或是購買冷凍草莓也可以。

除了餅乾體之外，在中間放入蛋糕卷也可增加視覺效果，一次二種綿密的口感。真的很享受！

BONNE

巴斯克乳酪蛋糕

烘培重點

6 吋蛋糕模

上火 230°C
下火 220°C

35 分鐘

冷藏 3 ~ 4 天
冷凍保存 7 天

事先準備

- 乳酪事前 1 小時先從冰箱取出，回溫放軟
- 將全蛋和蛋黃事先混合打勻，備用
- 烘焙紙裁成 30×30cm 左右，揉皺後平鋪在 6 吋蛋糕模內

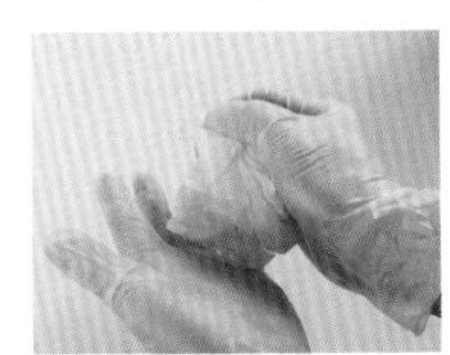

- 露在模外的紙也要往下摺可裁掉四周多餘的紙張
- 1/3 根的香草莢，用小刀刮出香草籽
- 烤箱預熱上火 230°C，下火 220°C

材料

奶油乳酪............320g
動物鮮奶油.........120g
全蛋.................... 2 顆
蛋黃.................... 1 顆
細砂糖..................96g
玉米粉..................15g
蘭姆酒..................10g

製作乳酪糊

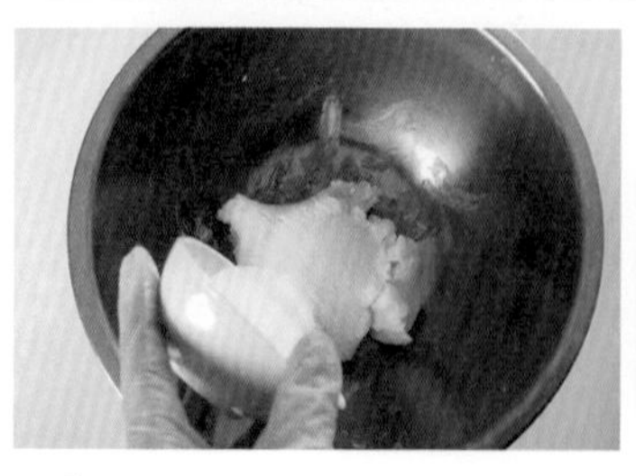

1 將放軟的乳酪加入砂糖用打蛋器以慢速攪打。

2 途中可稍微停機，用刮刀將容器邊的乳酪刮一刮再繼續攪打至看不到糖粒。

3 奶油乳酪打軟後，將事先混好的蛋液分 3～4 次加入。（每次都要確實讓蛋液吸收後再加第二次的蛋液。）

4 待蛋液吸收混合後，記得要用刮刀將底部與四周充分混勻。

註：乳酪不可打發！

5 慢慢加入鮮奶油攪拌均勻。

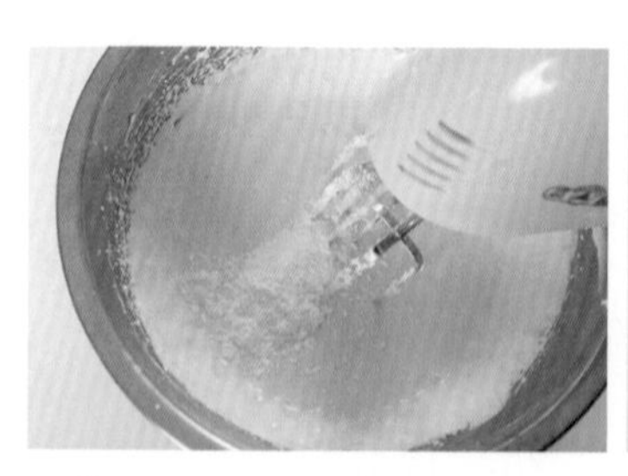

6 一口氣倒入玉米粉打勻。

7 加入可增加香氣的蘭姆酒拌勻，完成乳酪糊。

8 入模，以濾網將乳酪糊先過濾一次，讓乳酪更細緻。

9 倒入蛋糕模內抹平後再重敲，將空氣敲出。

10 用烤盤放入預熱好的烤箱內。

11 出爐後的巴斯克表面飽滿，但中間會隨時間慢慢凹陷。

羅爸小祕訣

★製作乳酪蛋糕，要用烘焙烤紙不可以用白報紙才好脫模哦！
★爲使乳酪口感細緻綿密，全程要用慢速。最後再以濾網濾過，口感會更滑順。
★蛋要分次下，才不容易造成油水分離。

同場加映

巴斯克芋頭乳酪蛋糕

烘培重點

6 吋蛋糕模	上火 230°C 下火 220°C	35 分鐘	冷藏 3 天 冷凍保存 7 天

材料

[材料]

同巴斯克乳酪蛋糕

[內餡]

芋頭泥 300g

- 乳酪事前 1 小時先從冰箱取出，回溫放軟
- 備好 300g 的芋泥
- 烘焙烤紙先對裁，取一半先揉皺後再鋪在 6 吋蛋糕模內
- 烤箱預熱上火 230°C，下火 220°C

做法

1 在鋪好烘焙紙的蛋糕模底部，先擠一圈的芋泥。重敲後，放置一旁備用。

2 製作乳酪糊：(請參考原味巴斯克)

乳酪室溫變軟後加入砂糖拌勻，要分次加入蛋液。

3 混合後，依序加入動物鮮奶油、玉米粉、蘭姆酒。

4 完成後的乳酪糊，再以濾網將乳酪糊過濾，再倒入烤模內。

5 重敲後，用烤盤放入預熱好的烤箱內。

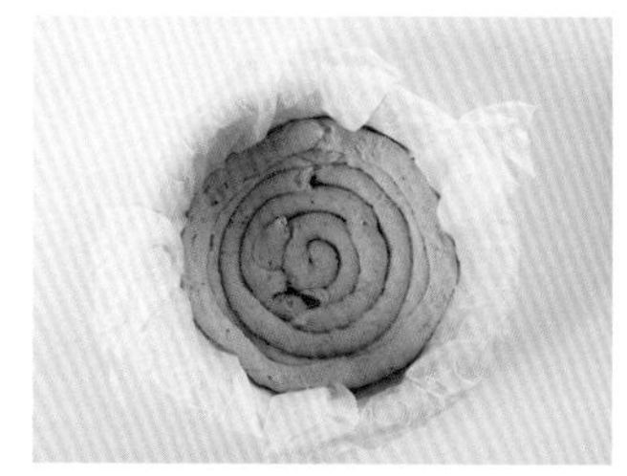

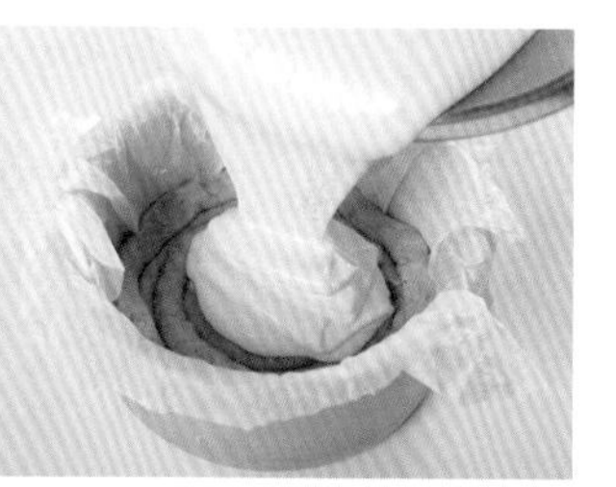

提拉米蘇巧巧杯

烘培重點

烤盤
(35×25×3 公分)
布丁杯 ×10 杯

上火 190°C
下火 120°C

放中層
20 分鐘

冷藏 3 ～ 5 天
冷凍 7 天

事先準備

- 馬斯卡邦起士室溫先放軟
- 吉利丁先泡冰水 5 分鐘，拿出捏出水分備用
- 內餡的 80g 細砂糖，先分出 25g 和 55g 二等分
- 烤箱預熱上火 190°C、下火 120°C
- 低筋麵粉要過篩

材料

[蛋糕體]

蛋白……150g
白砂糖……64g
可可粉……15g
蛋黃……75g
低筋麵粉……55g
植物油……35g
牛奶……80g
蘭姆酒……8g
防潮可可粉……適量

[內餡]

馬士卡邦起司……600g

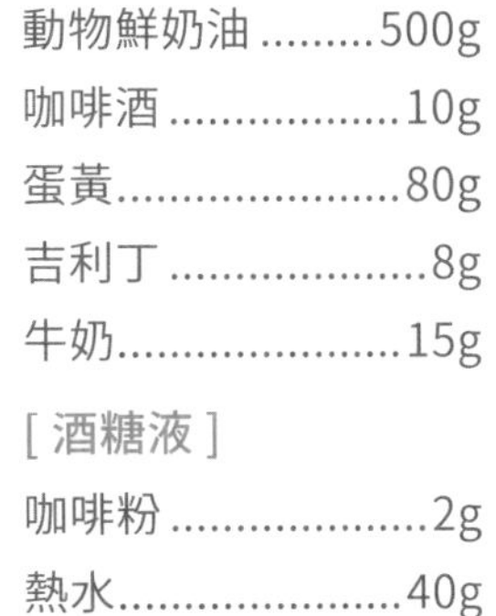

細砂糖……80g
動物鮮奶油……500g
咖啡酒……10g
蛋黃……80g
吉利丁……8g
牛奶……15g

[酒糖液]

咖啡粉……2g
熱水……40g
咖啡酒……8g

製作蛋糕體

1 取一容器，放入植物油和 15g 巧克力粉，用小火邊攪邊煮到巧克力散發出香味後，熄火。

2 倒入 80g 的冰牛奶，讓巧克力降溫。

3 加入過篩的低筋麵粉，輕輕拌勻至看不到粉末。

4 再加入蛋黃和蘭姆酒攪拌成蛋黃糊。

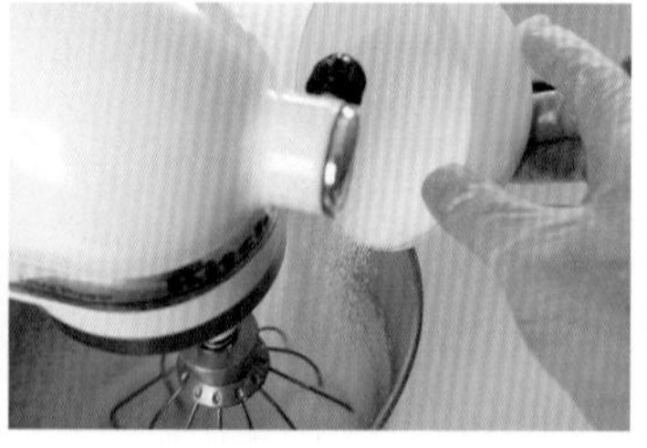

5 將冷藏蛋白放入盆中，以中速打到出現類似魚眼大小的泡泡。

6 加入 1/3 的砂糖，續打到泡泡變小且變高。再倒入 2/3 的糖繼續打發蛋白。

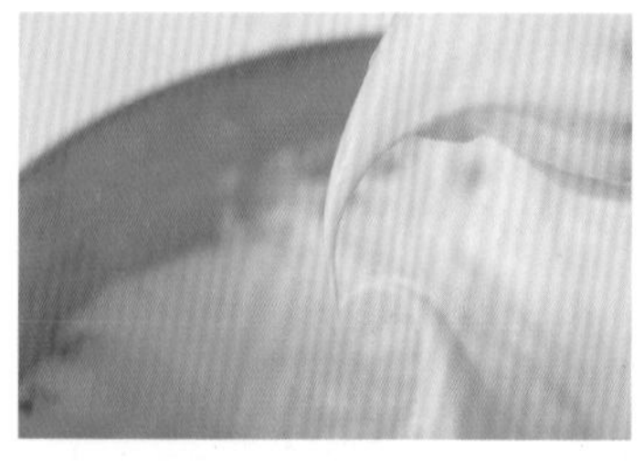

7 打到蛋白中乾性發（約 2 指勾）。

POINT！
停止前，要均勻的攪拌一下蛋白，避免底部沈澱。

8 混合蛋白與巧克力蛋黃糊。取 1/3 蛋白至蛋黃糊內，由下往上將其混勻。

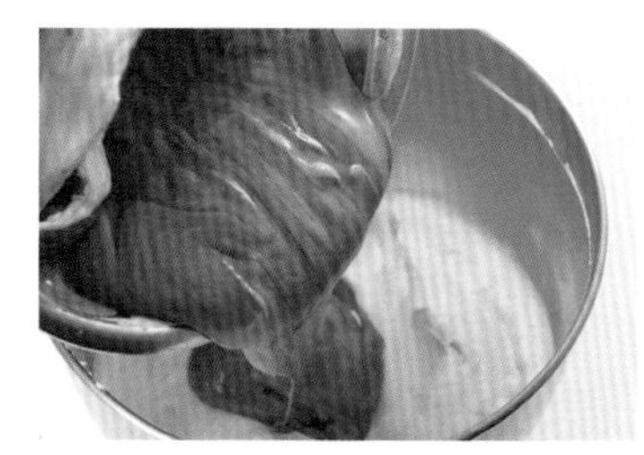

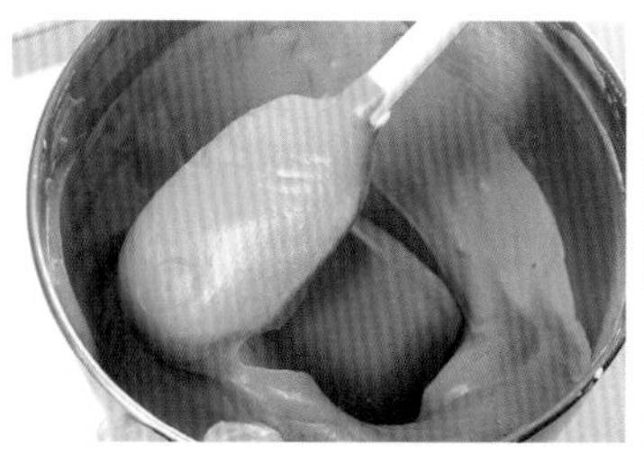

9 拌勻後，將巧克力蛋黃糊回倒至蛋白內，以順時鐘方向由下往上拌到看不見蛋白。

10 拌好的巧克力蛋黃糊直接倒入到鋪好烤焙紙的烤盤內平鋪後，送入預熱好的烤箱內烤 20 分鐘。

11 蛋糕體出爐撕開烘焙紙待涼，再取一張烘焙紙將蛋糕體翻面，底部朝上，依容器大小做分割。

12 此次用 6 個圓形慕絲杯及 2 個方形杯。每杯都需要二層蛋糕體。(也可用 7 吋模形取代)

13 依容器大小，先鋪上第一層蛋糕體。重點：表面要朝下。

14 製作酒糖液：先以熱水將咖啡粉溶解，再倒入咖啡酒混勻，更有風味。

製作內餡

15 吉利丁泡冰水後取出，連同牛奶用小火煮至溫度約 50～60 度，待吉利丁融化後，即可離火放冷卻。

16 取一個較大的容器將乳酪以工具壓軟。

17 蛋黃 80 克倒入 25g 的白砂糖，以隔水加熱邊攪邊加熱至 70 度。

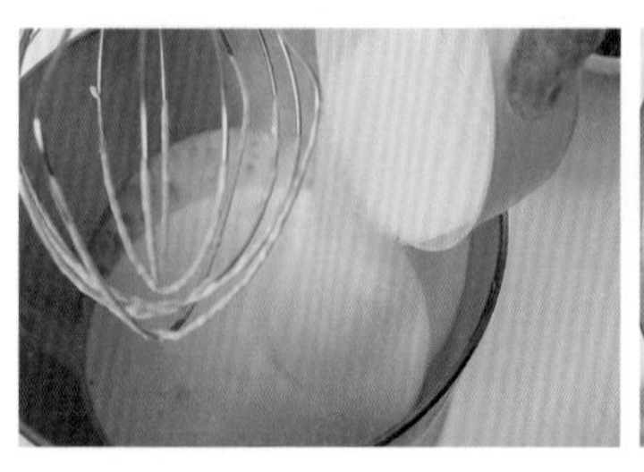

18 動物鮮奶油加入 55g 的白砂糖打到流動的紋路不易消散的 6 分發狀態。

19 倒入蛋黃液於乳酪糊內，攪勻。

20 加入冷卻的牛奶吉利丁液。攪勻。

21 再加入打到 6 分發的動物鮮奶油拌勻後，填裝到圓形花嘴的擠花袋內。

羅爸小祕訣

★吉利丁剝小片比較好融解。若是用吉利粉是需用 3～4 倍的冷水泡開。

填裝內餡

22 杯內填裝好的蛋糕體，先刷上一層酒糖液。

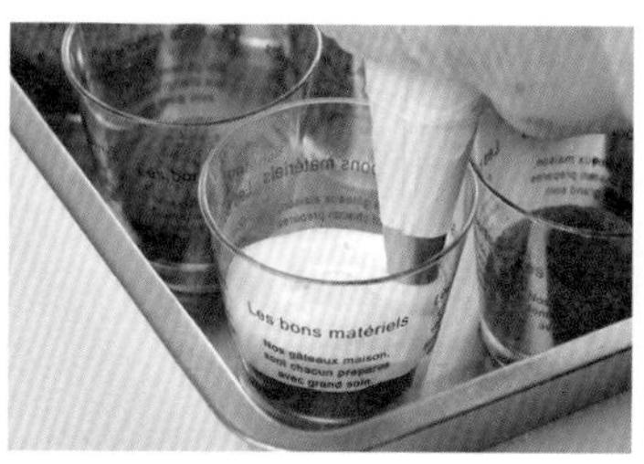

23 利用擠花袋將乳酪內餡由中間向外擠一層約 2～3 公分高。

24 再蓋上一層蛋糕體。注意，蛋糕體的正面要朝下。（可減少內餡被蛋糕吸收）

25 第二層的蛋糕體同樣要刷上酒糖液，增加風味。

26 最後再擠上滿滿的乳酪餡。

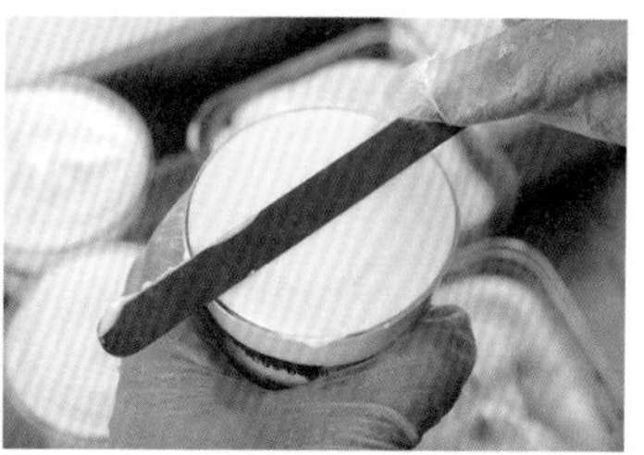

27 利用平匙棒將乳酪餡表面刮平，放入冰箱冰一夜，再取出。

28 最後灑上防潮可可粉。美味的提拉米蘇巧巧杯即完成囉！

POPULAR CAKE

PART 2

人氣不敗的美味蛋糕

沒有人可以抵擋蛋糕誘惑，鬆軟綿密的口感，
一入口即散發出自然又濃郁的蛋糕香氣，
再佐以食材的原始風味，不以華麗取勝的簡單，
層層堆疊出的美味，一直是很受歡迎的人氣商品。

天使之鈴─可麗露

烘培重點

可麗露專用
12 連模

第一階段
上火 220°C
下火 220°C
第二階段
上火 200°C
下火 200°C

第一階段
先烤 20 分
待上色後調頭
第二階段
再烤 40 ～ 50 分
（共烤 65 ～ 70 分鐘）

冷藏 3 ～ 4 天
冷凍 7 天以上

事先準備

- 麵糊製作完成，需靜置 12 小時以上
- 可麗露烤模，入模前先烤熱後塗上一層薄薄的奶油
- 若無香草莢，可滴少許香草精替代
- 低筋麵粉過篩
- 全蛋與蛋黃可混合

材料

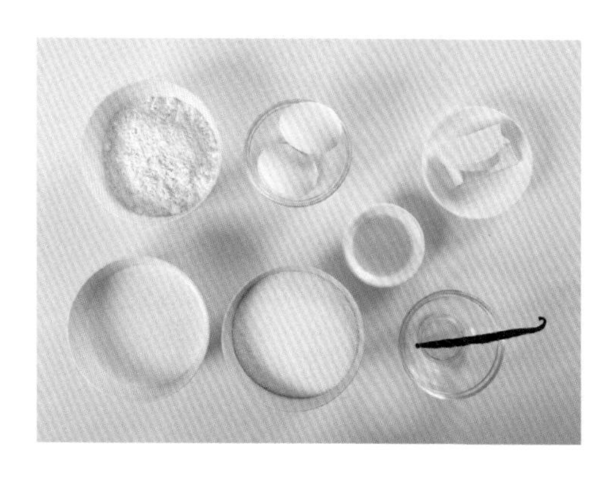

牛奶....................500g
香草莢 .... 1 根
全蛋......................50g
蛋黃......................36g
無鹽奶油...............40g
砂糖....................238g
鹽 ....少許
低筋麵粉.............130g
蘭姆酒 30g

羅爸小祕訣

★煮好的香草牛奶要確實降溫！

★香草牛奶要分 2～3 次與低筋麵粉混合，若一次全倒，容易使麵粉結成小塊。

★烤模塗油前，先進烤箱溫熱一下。再上一層薄薄的油，能讓可麗露漂亮上色。若是塗太厚，就無法均勻上色。

★製作好的麵糊最好能靜置一夜，讓麵糊糊化更均勻入味。從冰箱取出的則需在室溫下先回溫 30 分鐘到 1 小時。

製作香草牛奶

1 備一個容器，先將砂糖倒出 1/3 備用。

2 將低筋麵粉過篩與 1/3 的砂糖混合，為防止低筋麵粉受潮結粒。

3 香草莢由中間劃開取出香草籽，一起放入牛奶鍋中。開小火。慢慢煮至鍋邊冒泡泡。

4 將 2/3 的砂糖倒入香草牛奶鍋中。

5 依序加入蘭姆酒和奶油。用小火邊攪邊將香草牛奶加熱。

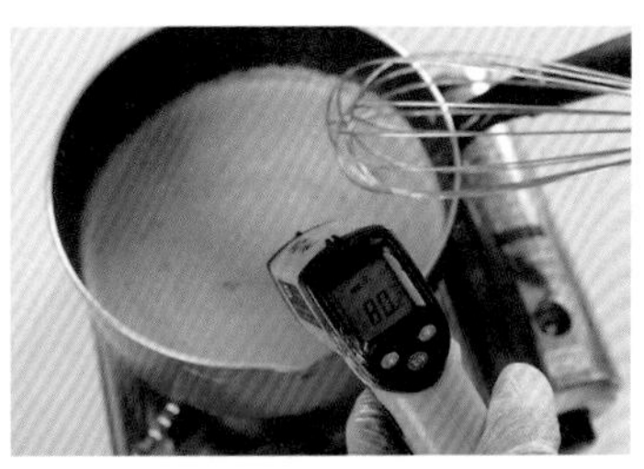

6 將牛奶鍋煮到 80 ～ 85 度。鍋邊略微微冒煙後離火。靜置一旁，待降溫至 45 度。

製作蛋黃麵糊

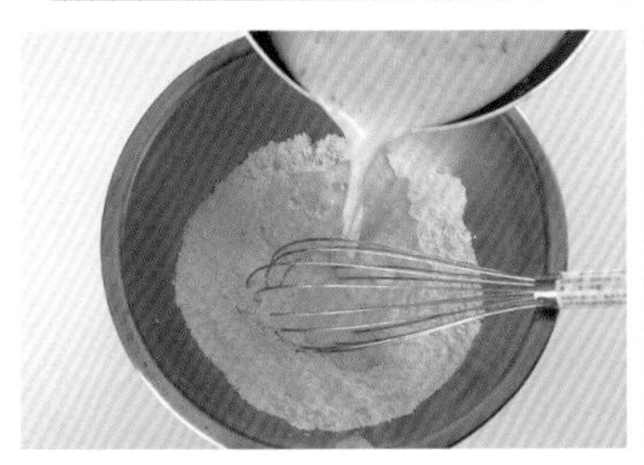

7 降溫後的香草牛奶先倒入 1/3 於步驟 2 事先拌好砂糖的低筋麵粉中，攪拌混合。

8 第二次再加入 1/3 的牛奶攪勻至麵粉吸收成稠狀。

9 加入事先混合好全蛋和蛋黃的蛋液。需攪勻。

10 最後將剩下 1/3 的牛奶倒入一起混合均勻。

11 連同香草莢一起用保鮮膜封好後，放入冷藏冰一晚。讓麵糊能充分提升水合作用。

12 隔日取出麵糊於室溫下回溫 30 分鐘，先攪拌均勻後利用濾網過篩 1 ～ 2 次。（此時可以來預熱烤箱囉！）

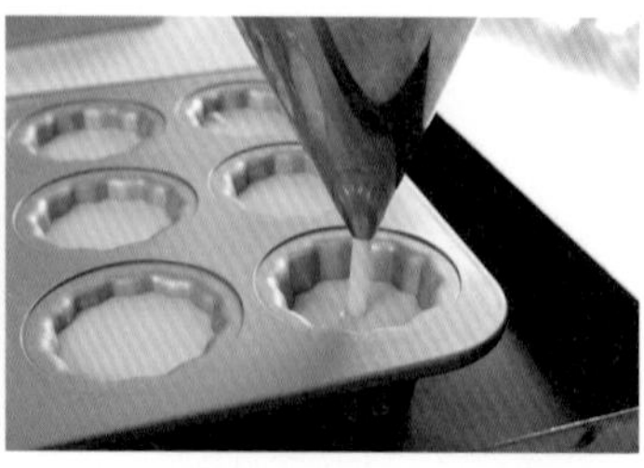

13 取少許奶油融成液體後，刷薄層在微溫的模具內。

14 最好用分裝器，將麵糊倒入模具內約 8 ～ 9 分滿。

羅爸小叮嚀

★烤模塗油前，先進烤箱溫熱一下。

★奶油要薄塗，若塗太厚，容易烤出白頭的可麗露。

15 以烤溫 220 度烤 20 分鐘後上色，調降溫度至 200 度，再烤 40 ～ 50 分。

POINT！

每烤 15 鐘，最好看一下上色的情況，若蓬太高則要出爐涼一下再烤

外表帶著深層的焦糖香與入口的鬆厚感，交織出百年的經典美味！

POPULAR CAKE

水晶芋頭布丁蛋糕

烘王烤盤
41.5×33×3.5 公分

7 吋慕斯圈
份量：7 吋 x2

第一階段
上火 180°C
下火 130°C
第二階段
上火 160°C
下火 130°C

第一階段
烤 15 分上色後，
調降上火
第二階段
9～11 分

冷藏 3～5 天
常溫 2～3 天

- 烤箱預熱上火 180°C下火 130°C
- 烤盤需鋪烘焙紙，另備一張烘焙紙待翻面用，另備慕斯圈大小的烘焙紙
- 備好芋頭內餡
- 吉利丁泡冰水

材料

[蛋糕體]

蛋白....................300g
細砂糖................110g
蛋黃....................120g
低筋麵粉............120g
玉米粉.................20g
牛奶....................120g
鹽..........................2g
植物油..................80g
香草酒................少許

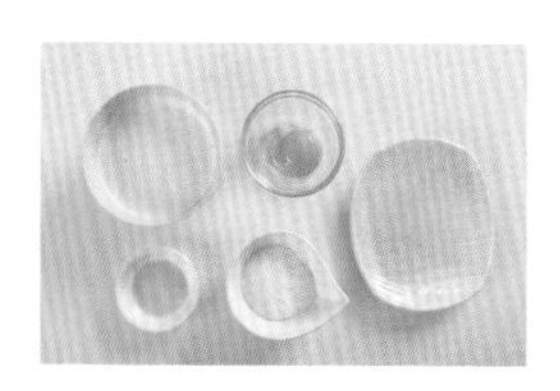

[布丁層]

牛奶....................400g
動物鮮奶油.........150g
海藻糖..................62g
蛋黃......................50g
香草醬................少許
吉利丁..................12g

[黑糖果凍層]

開水....................300g
黑糖......................40g
吉利丁（泡冰水）...10g
咖啡粉....................3g

[內餡]

芋泥....................760g

製作蛋黃糊

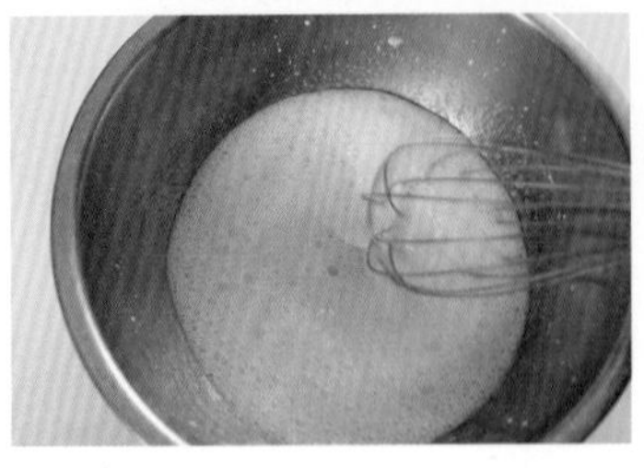

1 植物油加入牛奶、鹽和香草酒快速攪拌，使牛奶產生乳化作用。

2 加入過篩的低筋麵粉和玉米粉拌至無顆粒狀。

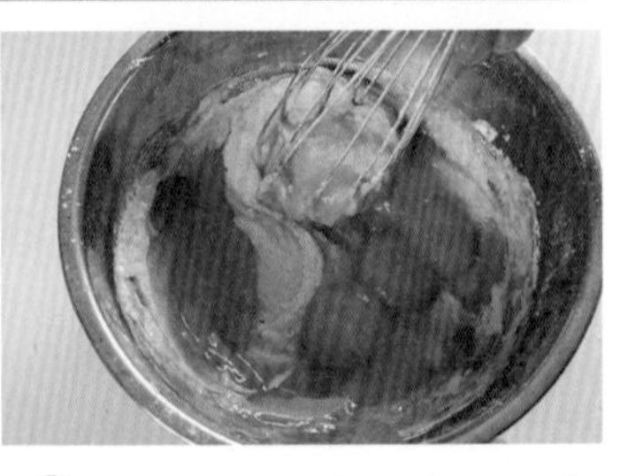

3 加入蛋黃攪拌至完全吸收成蛋黃糊，即可以靜置備用。

製作蛋白

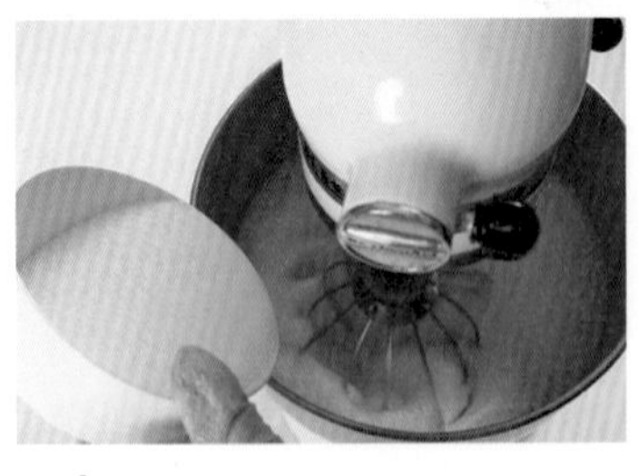

4 蛋白以低速先打至出現類似魚眼般的泡泡，再調中高速打發蛋白，並將細砂糖分 2～3 次加入。

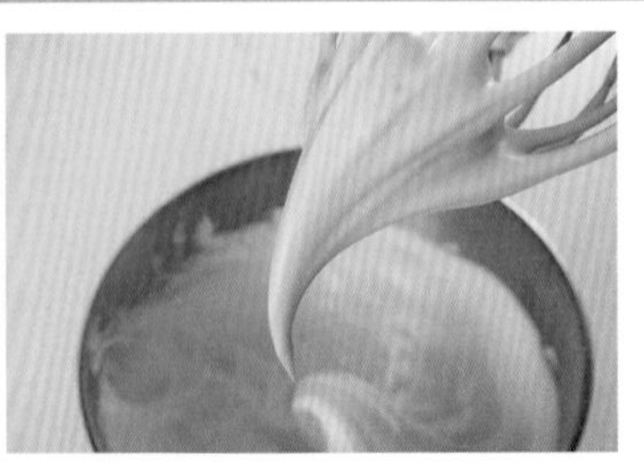

5 將蛋白打到約莫 8 至 9 分發，拿起打蛋器蛋白的尾端會出現約 2 指勾。即完成蛋白製作。

混合

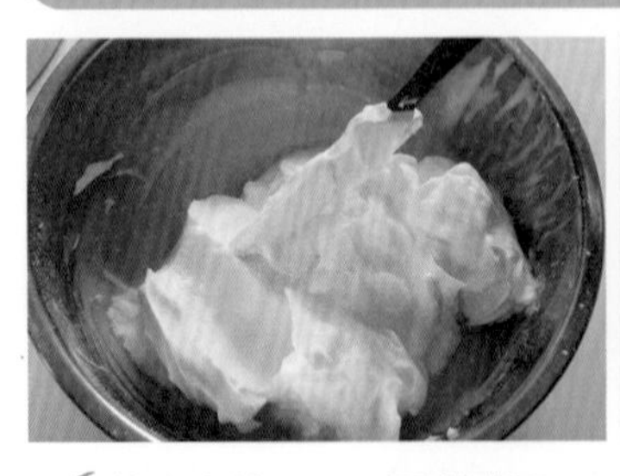

6 將蛋白挖 1/3 到蛋黃糊內。拌勻到看不到蛋白。

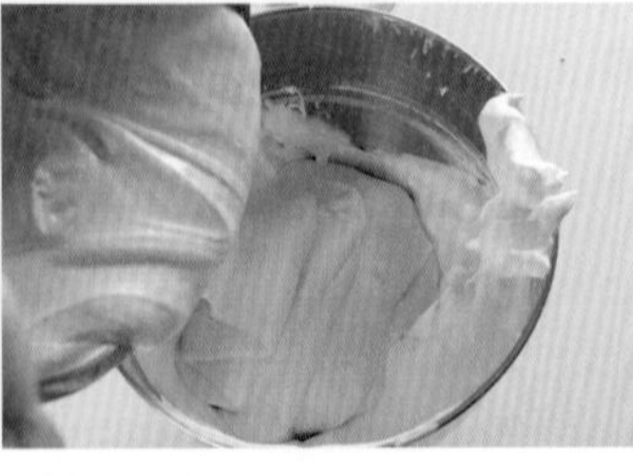

7 回倒至蛋白鍋內，由下往上拌至看不到蛋白。

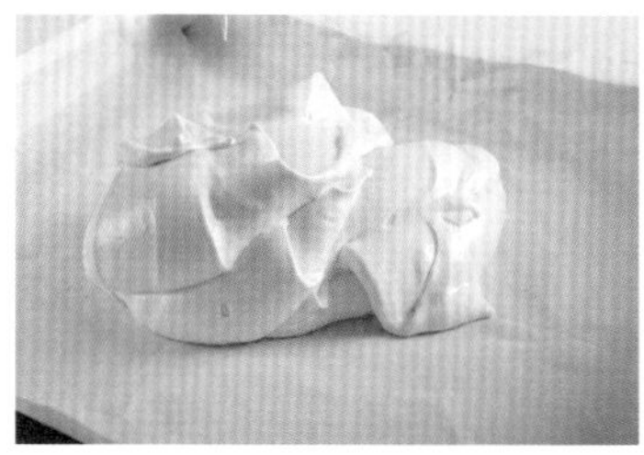

8 拌好的麵糊由中間倒入至鋪好烘焙紙的烤盤上，並以刮板均勻抹平表面。進爐前在桌面輕敲幾下，消除較大的氣泡。送入預熱好的烤箱中層烤約 15 分後，調降上火烤溫，再續烤 9～11 分鐘。

9 出爐後連同烘焙紙一起將蛋糕拉出來，在散熱架上，撕開周圍的烘焙紙，讓蛋糕冷卻一下。

10 蛋糕表面蓋上烘焙紙，手抓二側將蛋糕迅速翻面，再撕掉背面的烘焙紙。

11 取 7 吋慕斯圈壓出蛋糕體。

12 慕斯圈底先鋪烘焙紙，再放一圈圍邊。（比較好脫模）

POINT ！

若沒有圍邊也可以用烘焙紙自行裁出長條狀圈起來。

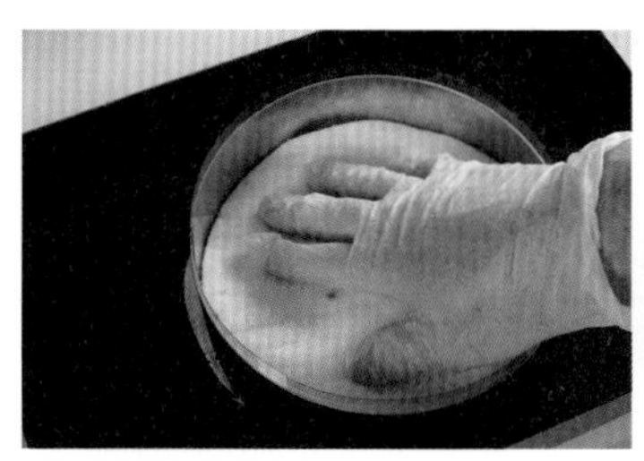

13 先壓入一層蛋糕體做為底部。

14 以圓形擠花嘴平均地將芋泥擠在蛋糕體上，空隙也要確實補滿。

15 再蓋上去另一層蛋糕體，蛋糕表面要朝上。

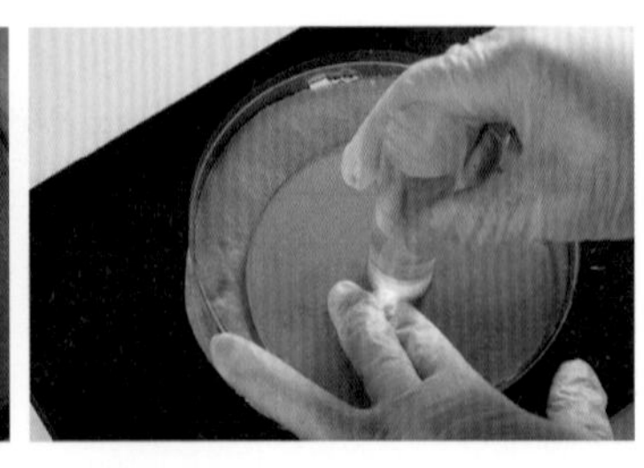

16 運用壓棒將蛋糕和芋泥壓緊實密合後，放入冰箱冷藏備用。

POINT！

芋泥製作，請參考 P212 頁

製作布丁層

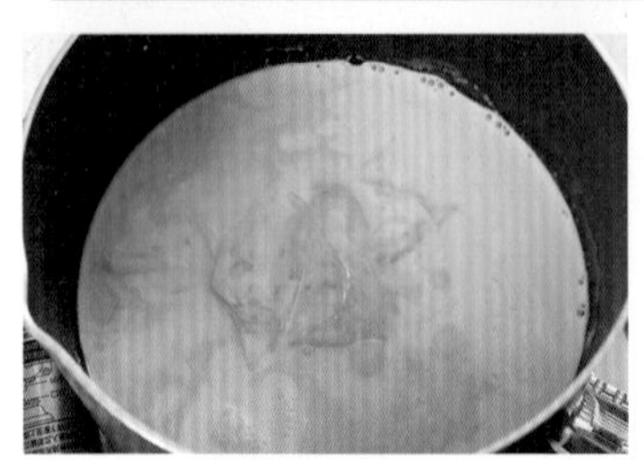

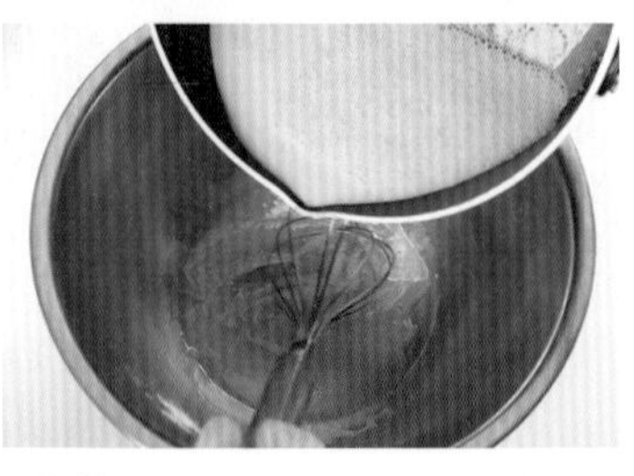

17 取出預先泡冰水的吉利丁，連同牛奶、動物鮮奶油和香草酒一起用小火，邊煮邊攪煮到 70 度。

18 蛋黃攪散，將煮到 70 度的吉利丁奶水以快速攪拌方式倒入蛋黃內，要攪拌均勻。

19 過篩，將拌勻的布丁液過濾雜質。

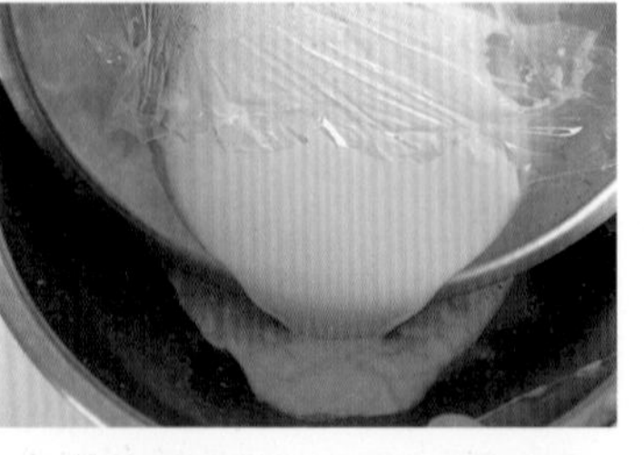

20 消除泡沫，經過濾會產生許多小汽泡，蓋上保鮮膜後再倒到另一個容器內，也同時濾掉氣泡。

POINT！

要讓布丁液滑順口感細緻，過濾氣泡是關鍵。或利用噴火槍也可直接消滅氣泡。

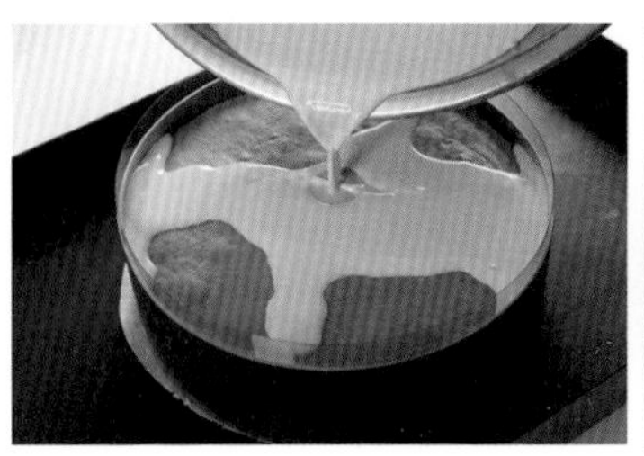

21 從冷藏取出蛋糕，將布丁液由中間倒入一層，並小心拿放入冰箱冰 10 分鐘，預防布丁液被蛋糕體吸收。

製作黑糖果凍

22 黑糖及能增加色澤的咖啡粉一起倒入鍋內，再加入 300cc 的開水與泡過冰水的吉利丁攪勻。

23 開小火，將黑糖水煮到 70 度，熄火。準備過濾。

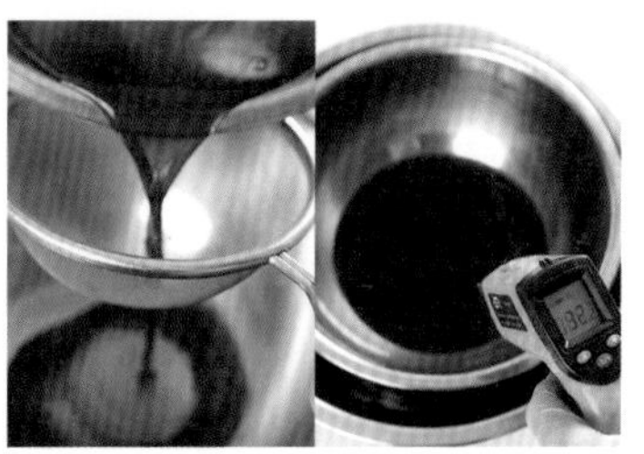

24 將黑糖布丁液過濾至另一個容器內，再以隔水降溫的方式將黑糖液降至 30 度左右。

25 將冰鎮好的奶凍蛋糕取出，透過刮板將黑糖液倒至蛋糕上。(避免破壞布丁層)

26 完美的黑糖果凍芋頭布丁蛋糕完成，請小心翼翼的將蛋糕移至冷藏櫃內。

27 待冰凍後才能切片。

BONNE CHANCE

荷蘭千層蜂蜜蛋糕

烘王烤盤
41.5×33×3.5 公分

第一階段
上火 210°C
下火 120°C
第二階段
上火 210°C
下火 120°C

第一階段
每層烤 8 ～ 10 分鐘，需烤 4 層以上色為主
第二階段
第 5 層烤 10 ～ 12 分鐘
以顏色上色為主

冷藏 3 ～ 5 天
常溫 2 ～ 3 天

事先準備

- ✓ 蛋要先回溫（以常溫蛋為主）
- ✓ 低筋麵粉過篩
- ✓ 烤箱預熱上火 210°C下火 120°C

材料

[蛋糕體]

全蛋....................660g
蛋黃....................120g
細砂糖................180g
蜂蜜......................60g
低筋麵粉............240g
玉米粉..................30g
牛奶....................230g
植物油................120g
無鹽奶油..............60g
香草酒.................少許
果醬.....................少許

製作蛋糕體

1 奶油加沙拉油先以隔水加熱至 50 度左右，保溫備用。

2 將牛奶加入蜂蜜先拌勻，再以隔水加熱至 50 度左右後，放在熱水中保溫備用。

3 將室溫的全蛋加入蛋黃和糖。

4 以隔水加熱，將蛋液一邊攪拌一邊回溫到 50 度。

POINT ！

蛋黃要邊攪邊煮，鍋底才不會糊，溫度不可高於 60 度。

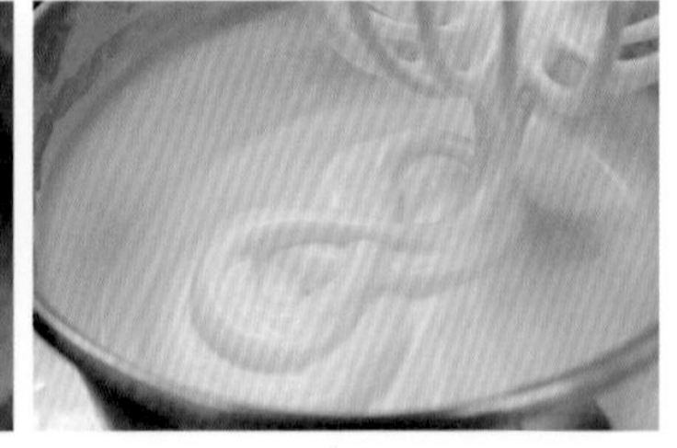

5 製作蛋黃糊，將蛋液以高速打發約七分鐘，再轉中速三分鐘，最後轉慢速打到蛋黃糊可以畫 8 字。

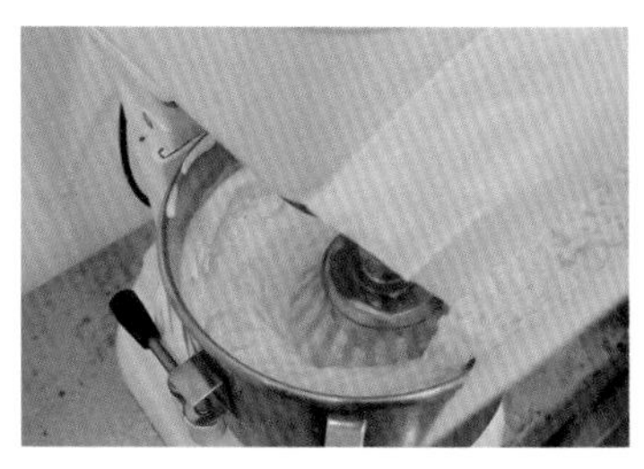

6 轉低速，加入過篩的低筋麵粉和玉米粉。攪到至看不到粉末。

7 加入步驟 1 預先融化的奶油。

8 最後加入步驟 2 的溫牛奶與蜂蜜一起打勻。

9 開始分鍋，以總重量除以需要分的層數，此示範為 5 層，每層約 310 克重。

10 第一層倒入鋪好烤焙布的烤盤上，由中間倒入。

11 以刮版將麵糊往四個角落先推平後，再慢慢將麵糊刮平。入烤箱前敲一下敲出氣泡。

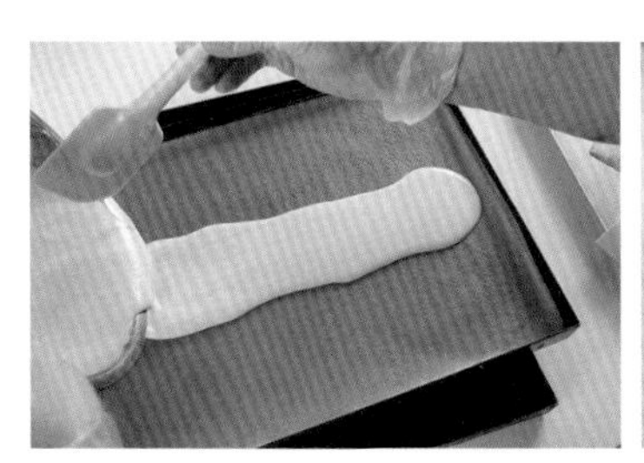

12 放進預熱好的烤箱烤 8 分鐘，蛋糕上色取出，再倒入 310 克的麵糊。

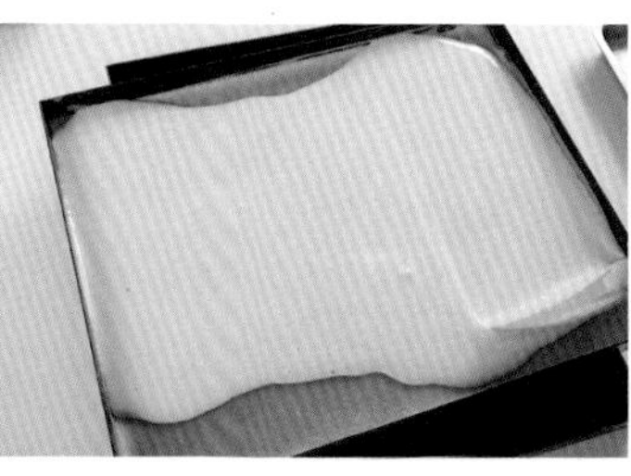

13 一樣先推平四個角落後再抹平。再進烤箱烤 8 分鐘。

POINT ！

每一層要倒之前都要先攪拌一下麵糊。

14 依序將麵糊烤完到第 4 層。第 5 層的麵糊會剩下薄薄一層，若怕刮壞蛋糕表皮，也可以用手將麵糊搖勻。

15 第 5 層 10 ～ 12 分，要注意上色後即可出爐。完成漂亮的千層蛋糕主體。

16 先備一張烘焙紙，再以刮刀將千層蛋糕的四邊刮分離。

17 以倒扣的方式將蛋糕取下來。

18 撕下烤焙布。

19 蛋糕體先分成三等分。

20 每一等分，塗上薄薄一層果醬。做為黏著用。

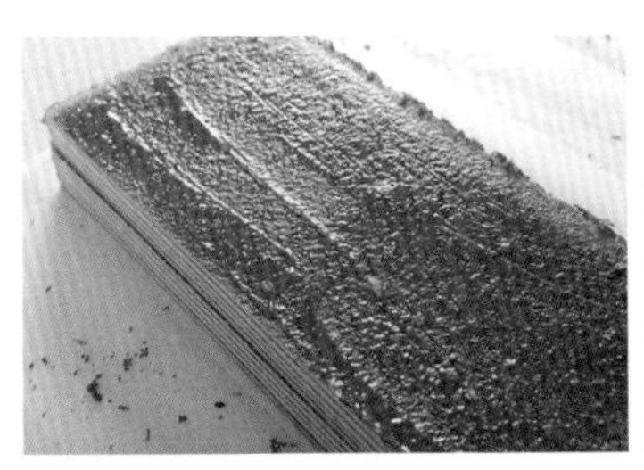

21 依序將蛋糕體堆疊上去，接著再來修飾蛋糕邊緣。

22 修掉四周的蛋糕邊。

23 再將長條的蛋糕切成四等分。

24 完成層層疊疊著名的千層蛋糕。

羅爸小祕訣

★整個蛋糕的靈魂來自於蜂蜜，因此在蜂蜜的選擇上，要特別留意成分，才能吃到香甜的滋味。

★若沒有香草酒，也可用香草精取代，主要是去除蛋的腥味，不用太多。

虎皮蛋糕捲

烘培重點

烘王烤盤
41.5×33×3.5 公分

第一階段
上火 190°C
下火 130°C
第二階段
上火 230°C
下火 150°C

第一階段
24 ～ 26 分鐘
第二階段
虎皮 7 ～ 8 分鐘

冷藏 3 ～ 5 天
冷凍 7 天

事先準備

- 烤箱預熱上火 190°C下火 130°C
- 烤板先鋪上烘焙紙，另再備一張烘焙紙待翻面用
- 低筋麵粉先過篩
- 鮮奶油內餡可以先打發，放在冰箱冷藏備用

材料

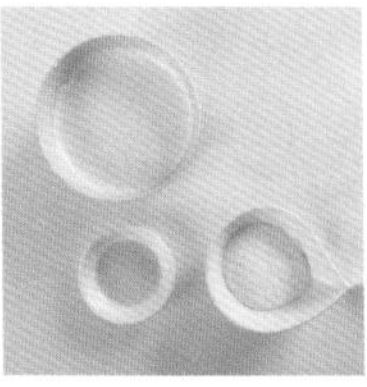

[蛋糕體]

蛋白....................260g
細砂糖................108g
低筋麵粉.............105g
玉米粉..................16g
牛奶......................80g
鹽............................2g
蛋黃....................144g
植物油..................80g
香草酒.................少許

[虎皮]

蛋黃....................220g
全蛋......................30g
細砂糖..................76g
玉米粉..................36g
植物油..................11g

[內餡]

動物鮮奶油.........250g
細砂糖..................20g
君度酒..................10g

製作蛋黃糊

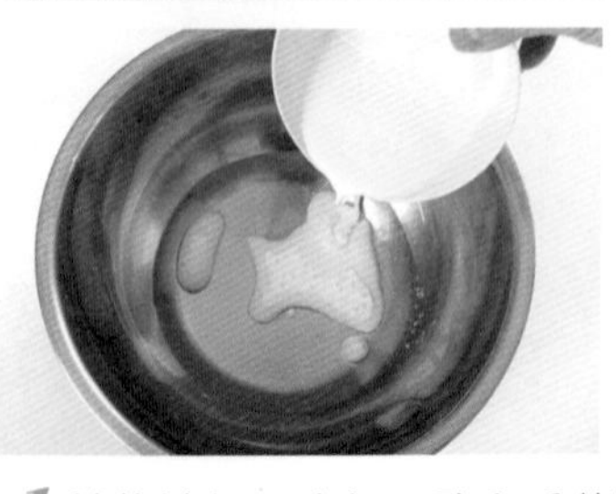
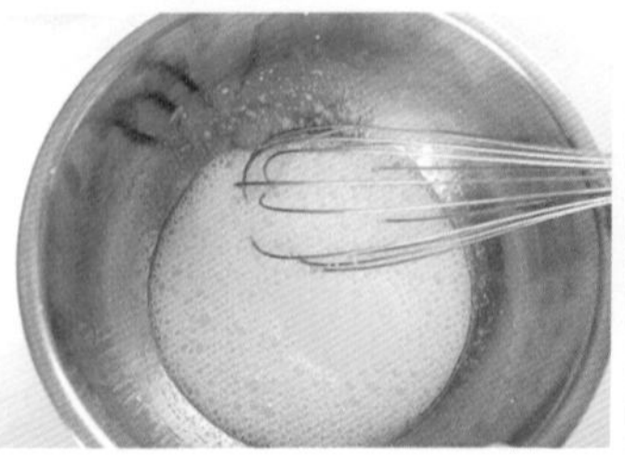

1 植物油加入牛奶、鹽和香草酒，並快速攪拌，使牛奶產生乳化作用。

2 加入過篩的低筋麵粉。

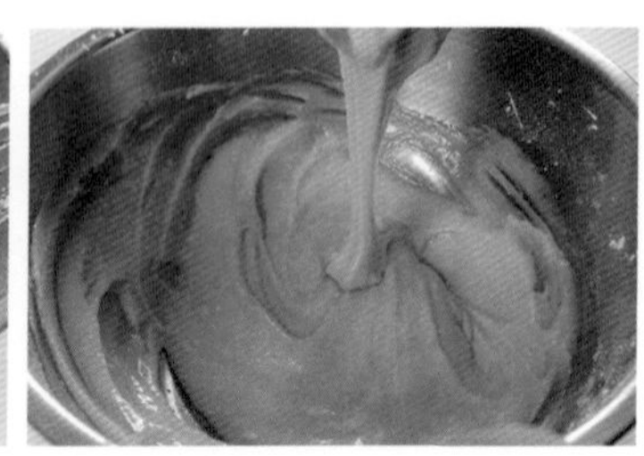

3 加入蛋黃攪拌至無粉的狀況，完成蛋黃糊就可以靜置備用。

製作蛋白

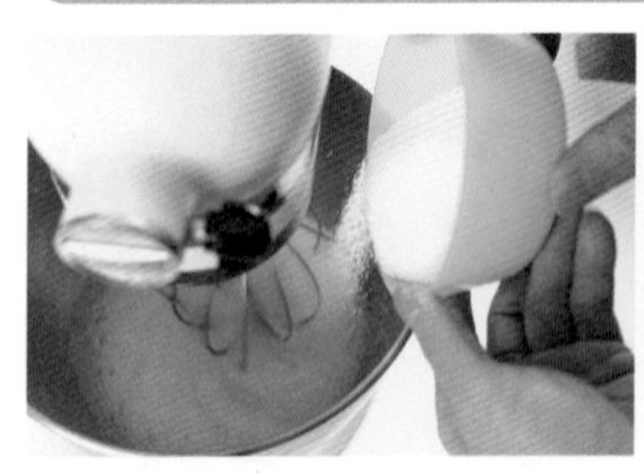
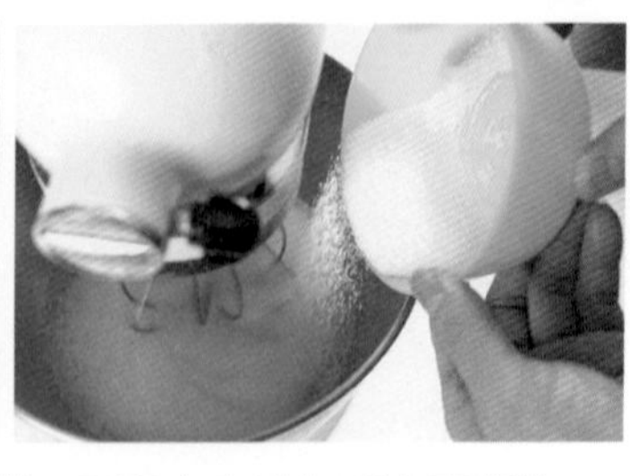

4 調理機倒入蛋白以低速先打散，再調中高速打到出現粗泡，分 2～3 次加入白砂糖。

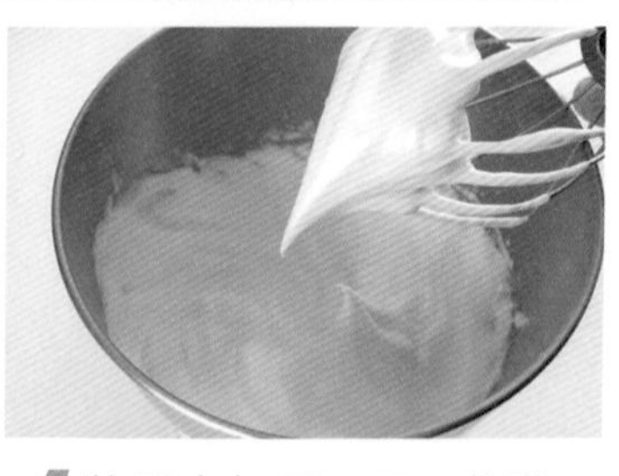

5 將蛋白打到 8 至 9 分發，拿起打蛋器蛋白的尾端會出現2指勾。即完成蛋白。

混合

6 將蛋白挖 1/3 到蛋黃糊內。拌勻到看不到蛋白。

7 再回倒回蛋白內，輕輕地拌至看不到蛋白。

POINT ！

拌的時候刮刀由中間直切下，再從調理盆由下往上並且以時順時針方向翻拌，將蛋糊拌勻

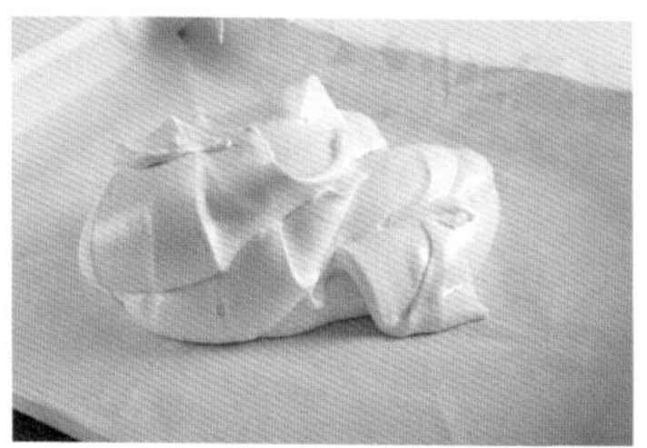

8 將拌好的麵糊倒入鋪好烘焙紙的烤盤上，再以刮刀抹平表面，並在桌面輕敲幾下，消除較大的氣泡。送入預熱好的烤箱內烤約 24 ～ 26 分。

9 出爐時連同烘焙紙一起將蛋糕拉出來，在散熱架上，撕開周圍的烘焙紙，讓蛋糕冷卻一下。

10 蛋糕表面蓋上烘焙紙，手抓二側將蛋糕迅速翻面，再撕掉背面的烘焙紙。

製作虎皮

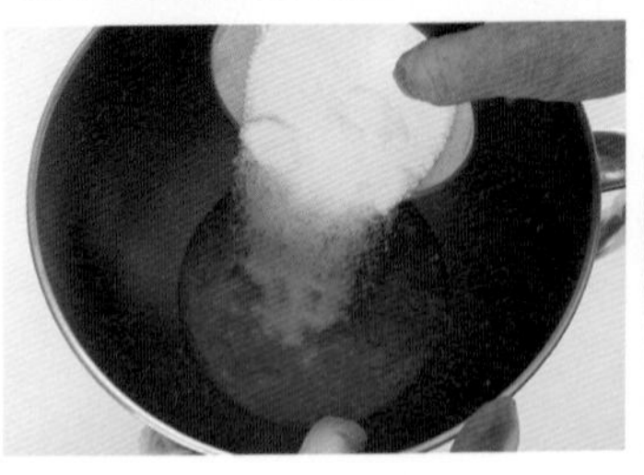
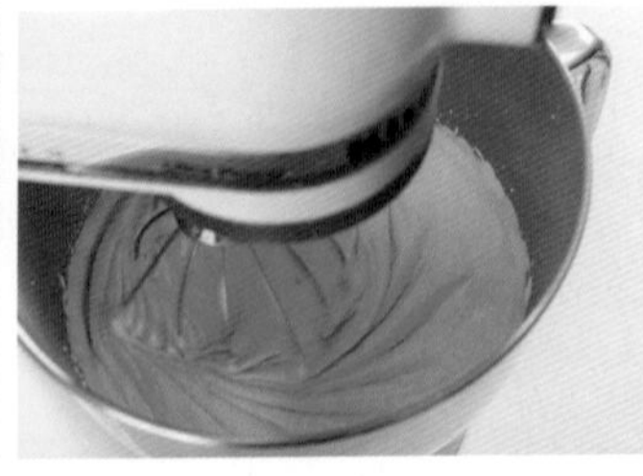

11 調理盆倒入蛋黃加上全蛋和細砂糖，打發至蛋黃變白呈現濃稠狀。

12 先轉低速加入玉米粉拌勻，再轉中高速打到蛋黃糊可畫 8 字。

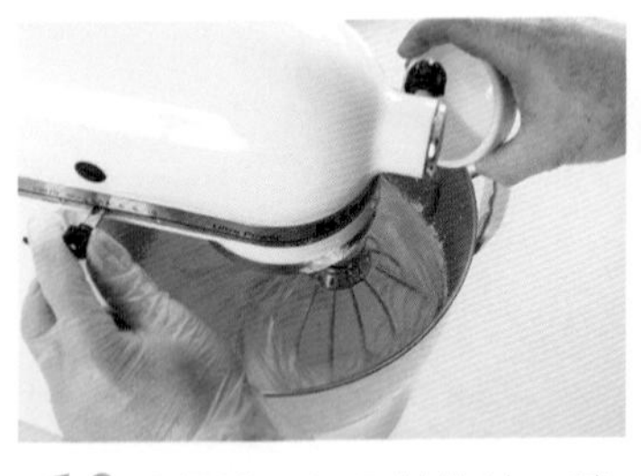

13 轉慢速，加入植物油，讓蛋黃糊完全混合。

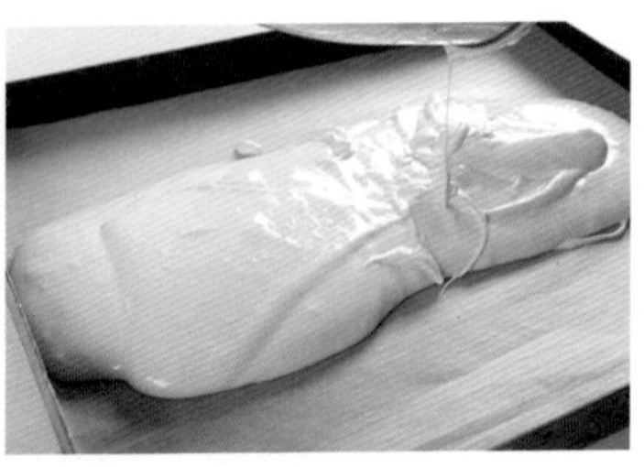

14 蛋黃糊倒入鋪好烘焙紙的烤盤內，再以刮板將蛋黃抹平。

15 抹平後，用刮板以斜切方式在麵糊上畫幾刀。會讓烤起來的虎皮紋路更明顯。

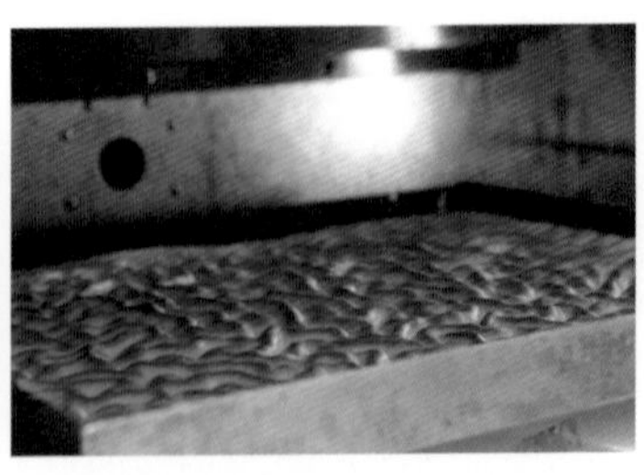

16 放入預熱好上火 230 度下火 150 度的烤爐內。約烤 4～5 分就可以看到外皮開始縮皺。共需烤約 7～8 分鐘。

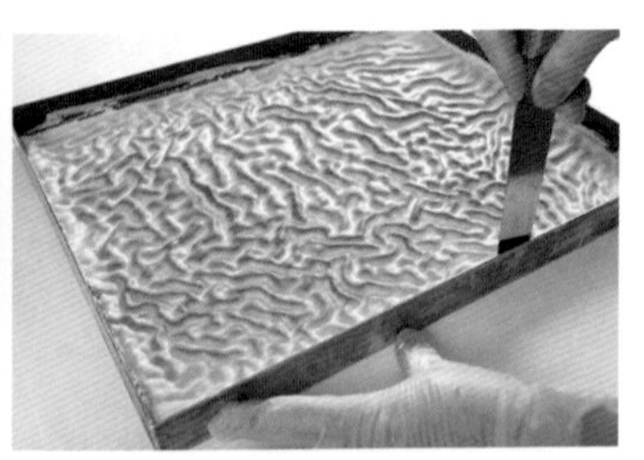

17 注意上色的程度，避免烤太焦。虎皮出爐，在桌上重敲後，用刮刀先將蛋糕與烤盤刮分離。

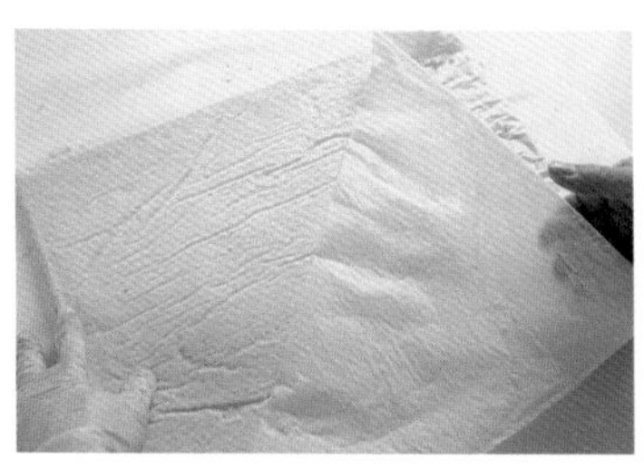

18 桌上備好烘焙紙，再將虎皮倒扣，撕掉背面的烘焙紙。

19 塗抹一層薄薄的果漿，做為黏著二層蛋糕體。

20 將步驟 10 的蛋糕主體表面疊放在虎皮上，蛋糕之間需預留一公分的空間。

製作內餡

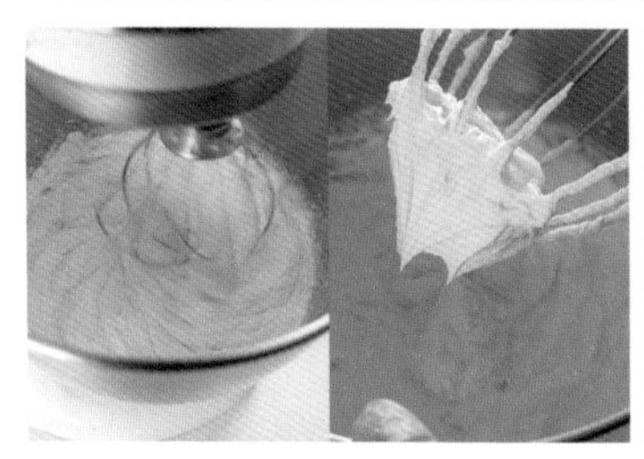

21 用低速將動物鮮奶油連同細砂糖和君度酒一起打發至尾端可以挺立。

22 將內餡由中間倒入蛋糕上，再用刮刀往二側推平，保持中間厚二側薄。

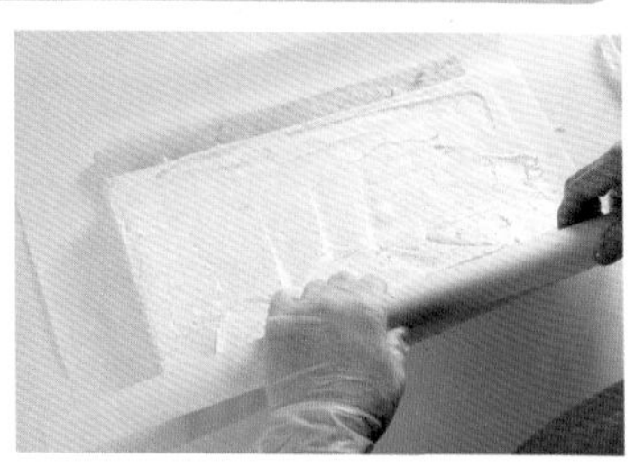

23 利用擀麵棍捲起烘焙紙將蛋糕體往前捲起。

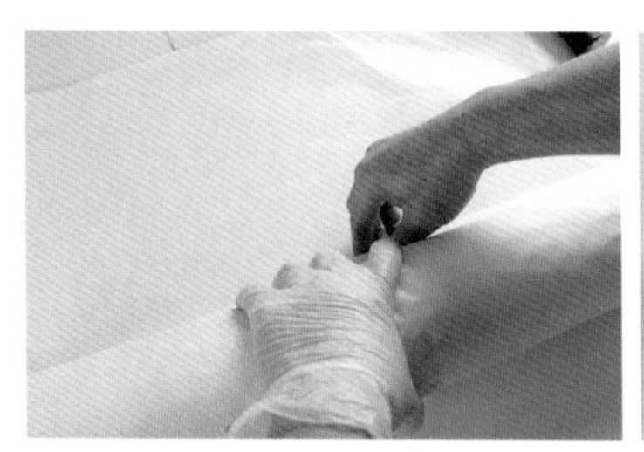

24 收尾時，將擀麵棍收緊，使蛋糕定型。取出棍子。包好兩側，放入冰箱冷藏一下。

25 冷藏 30 分到 60 分鐘後，再取出切片。

香蔥肉鬆鹹蛋糕

烘培重點

烘王烤盤
41.5×33×3.5 公分
擠花袋 + 圓形花嘴

上火 190°C
下火 130°C

26 ～ 28 分鐘

冷藏 3 ～ 5 天
常溫 2 ～ 3 天

事先準備

- 蔥洗淨，切成蔥末，要用烤箱約 100 度低溫烘乾
- 烤箱預熱上火 190°C下火 130°C
- 烤板先鋪上烘焙紙，另再備一張烘焙紙待翻面用
- 低筋麵粉過篩

材料

[蛋糕體]

蛋白....................300g
細砂糖................125g
蛋黃....................144g
低筋麵粉.............125g
牛奶......................90g
鹽............................3g
植物油...................80g
蔥末..................... 2 支
肉鬆.....................適量
熟白芝麻.............少許
沙拉醬................. 1 條

製作蛋黃糊

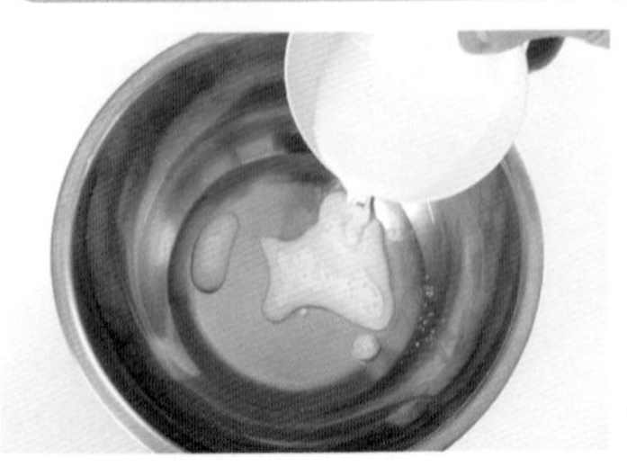

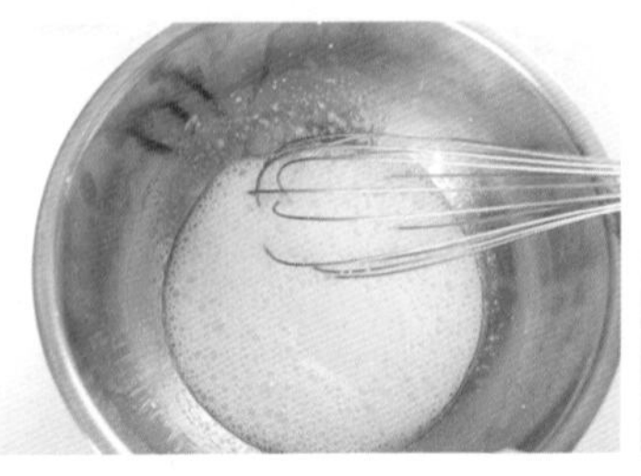

1 植物油加入牛奶，並快速攪拌，使牛奶產生乳化作用。

2 倒入蔥末拌勻。

3 加入過篩的低筋麵粉。

4 再加入蛋黃拌勻，完成蛋黃糊備用。

製作蛋白

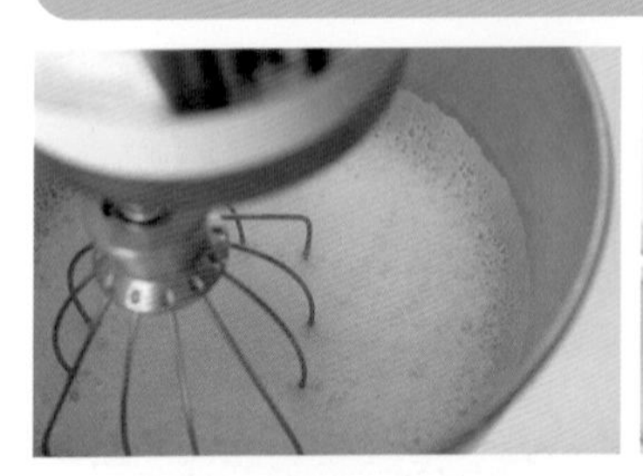

5 將蛋白以低速先打至出現魚眼般大小的泡泡，再調中高速將蛋白打發，白砂糖分 2 ～ 3 次加入。

6 將蛋白打到 8 至 9 分發。拿起打蛋器蛋白的尾端會出現約 2 指勾。即完成蛋白。

混合

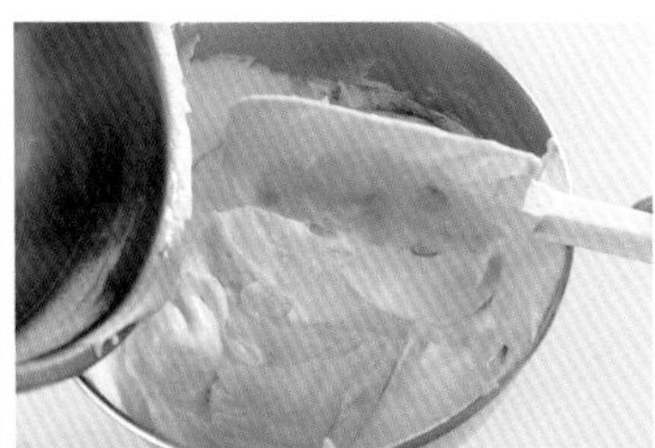

7 挖 1/3 蛋白到拌好蔥的蛋黃糊內。拌勻到看不到蛋白。

8 再倒回去蛋白鍋內，拌至看不到蛋白。

羅爸小叮嚀

★拌的時候刮刀由中間直切下，再從調理盆由下往上並且以順時針方向翻拌，將蛋糊拌勻，動作不要太大以免蛋白消泡。

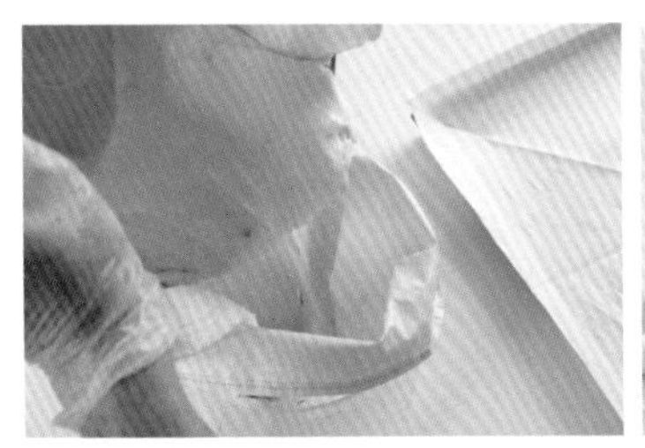
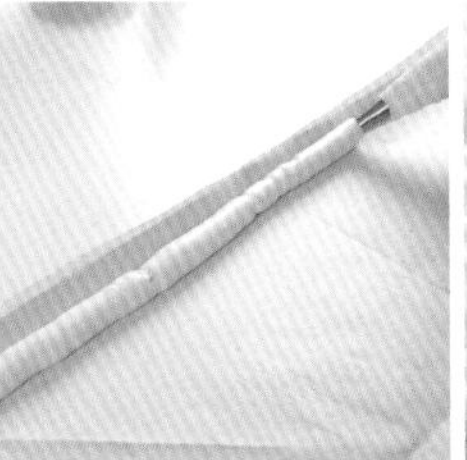

9 將拌好的蛋糊裝入擠花袋中。

10 以圓形花嘴沿著烤盤擠出麵糊，有順序的一條挨著一條的擠滿整個烤盤。

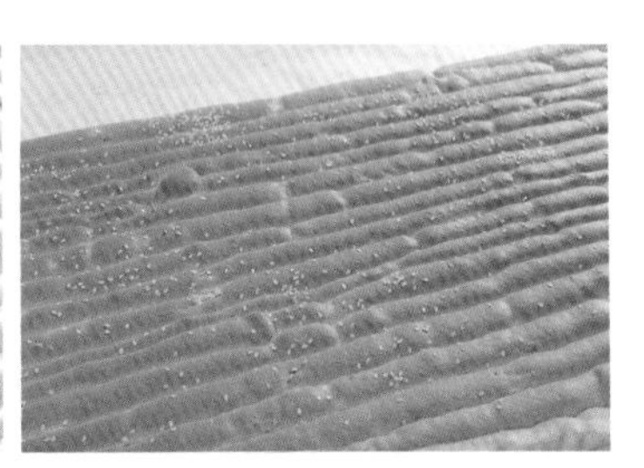

11 均勻撒上白芝麻，在桌面輕敲幾下，消除較大的氣泡。再送入預熱好的烤箱內中層烤約 26 ～ 28 分。

12 出爐時連同烘焙紙一起將蛋糕拉出來，在散熱架上，撕開周圍的烘焙紙，讓蛋糕冷卻一下。

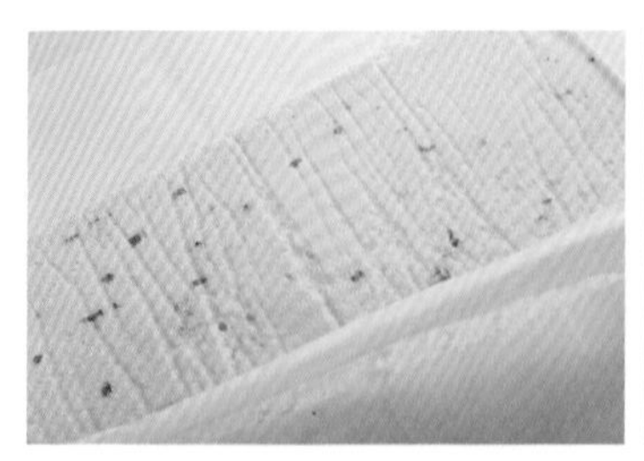

13 蛋糕表面蓋上烘焙紙，手抓二側將蛋糕迅速翻面，再撕掉背面的烘焙紙。

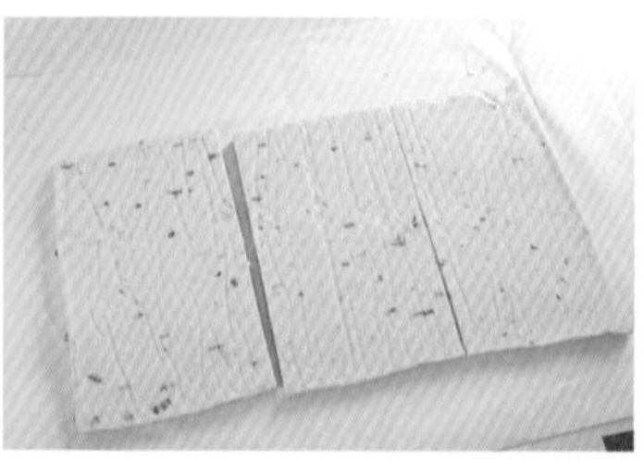

14 以鋸齒刀將蛋糕分切三等分。（烘焙紙要也要分成三等分）

15 每一等分的蛋糕體都要均勻地塗抹上沙拉醬。

16 放上適量的肉鬆，再利用擀麵棍連同烘焙紙將蛋糕體捲成一長卷。

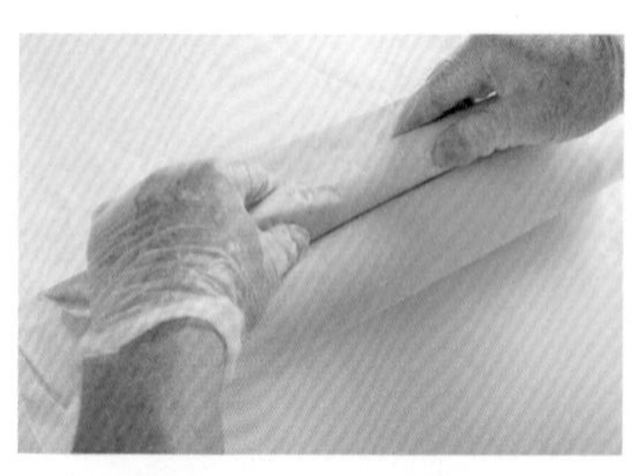

17 收尾時，將擀麵棍收緊，使蛋糕定型。取出棍子。包好兩側，放入冰箱冷藏一下。

18 冷藏 30 分鐘後，再取出切片。

SWEETS & COOKIES
古早味
鬆獅小貝蛋糕

烘培重點

烤盤 1 個
35×25×3.5 公分

上火 190°C
下火 150°C

16 ～ 18 分鐘

常溫 3 天
冷藏 7 天

事先準備

- 備好圓形花嘴袋
- 烤盤需鋪烘焙紙
- 烤箱預熱上火 190°C，下火 150°C
- 低筋麵粉過篩

材料

蛋白....................114g
低筋麵粉...............65g
細砂糖 50g
牛奶......................40g
蛋黃..................... 3 個
植物油 35g
鹽 1g
玉米粉 8g
肉鬆.....................少許
沙拉醬 ....一條
香草酒 ....少許

製作蛋糕體

1 植物油和牛奶與香草酒混合攪勻。

2 加入過篩的低筋麵粉和玉米粉攪勻。

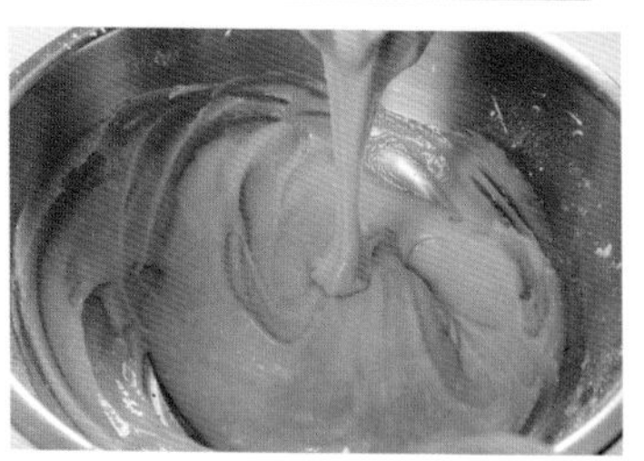

3 加入蛋黃攪到蛋黃出現光澤後，完成蛋黃糊製作。

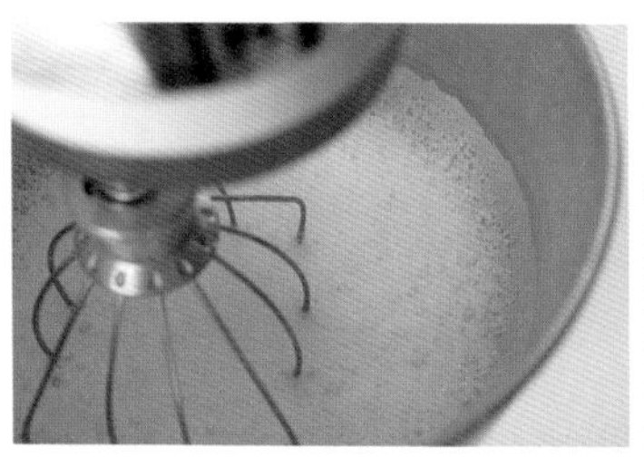

4 打蛋白，砂糖需分 2～3 次加入。先高速將蛋白打到出現類似魚眼泡泡後加入第一次的砂糖。

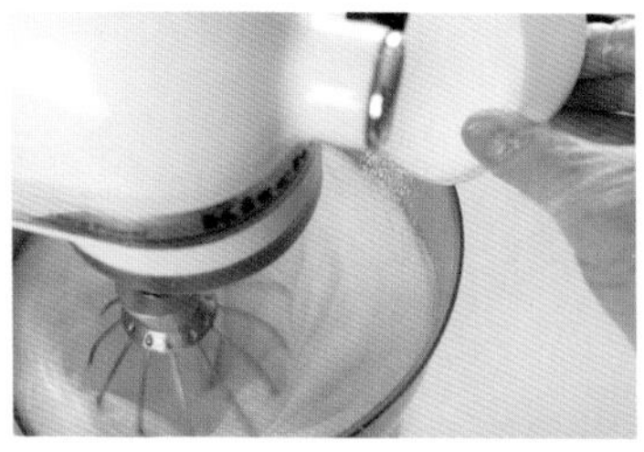

5 接著將蛋白打到綿密後加入第二次砂糖，轉中速。

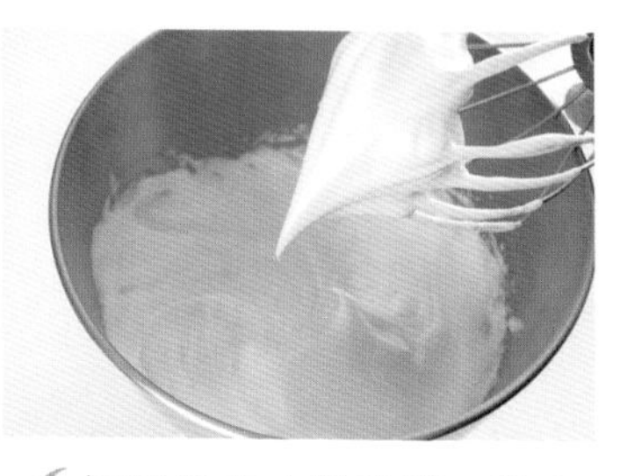

6 打到蛋白中乾性發，約 2 指勾即完成打發蛋白。

7 混合蛋白和蛋黃，挖 1/3 的蛋白到蛋黃糊中，攪勻到看不到蛋白。

8 回倒至蛋白缸內，以順時鐘方向由下往上，輕柔的混合到看不到蛋白。

9 將混合好的麵糊倒入圓形擠花袋。

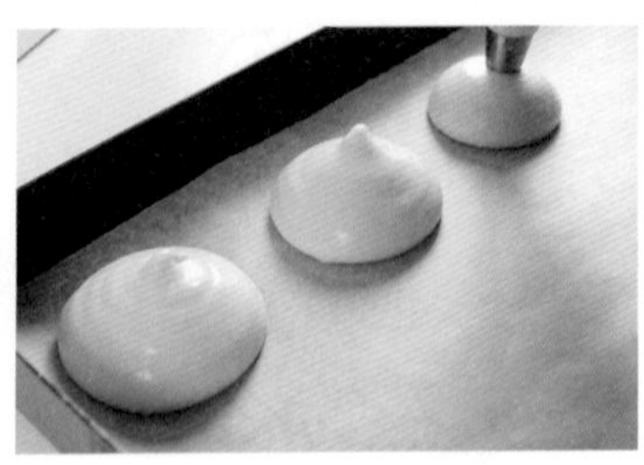

10 可依自己的喜好大小平均分配擠在烤盤上。擠的時候要由中間開始向外擴散。

11 不用一次擠到滿，一排約擠 4 ～ 5 個，第二排要相互錯開。若有剩餘的麵糊再平勻分配。擠完後不可摔，要直接送入烤箱。

POINT ！

擠完後切記不可重摔，免得麵糊變形哦！擔心無法控制圓的大小，建議可在烘焙紙上先畫上圓的大小，並依此為基準擠上麵糊。

12 烤好出爐後，稍微放涼即可以加工塗抹美乃滋了。

13 挑選一樣大小片的二片疊合。外圍也要塗上一層美乃滋。

14 圓周均勻的沾上肉鬆，也可以加點海苔，更添加風味。

15 完成美味又鬆軟的古早味肉鬆小蛋糕。

保留蛋糕的濕潤口感，又有肉鬆的鹹香味，這是一款大人、小孩都很愛的蛋糕。內餡口味可自行變化。

CIRCUS

福圓多多杯子蛋糕

烘培重點

12 個布丁杯
和油力士杯
47×37mm

上火 190°C
下火 150°C

25 分鐘

常溫 7 天
冷藏 10 天

- ✓ 將桂圓肉先用養樂多煮滾後泡一晚，入味後用均質機打碎，加入少許鹽備用
- ✓ 核桃切碎
- ✓ 低筋麵粉與泡打粉先過篩
- ✓ 融化過的奶油，要以溫水保溫著，不要讓奶油冷卻
- ✓ 烤箱預熱上火 190°C，下火 150°C
- ✓ 布丁杯先分別套好油紙杯

材料

全蛋....................200g
黑糖......................60g
細砂糖 120g
低筋麵粉.............200g
泡打粉 4g
無鹽奶油..............65g
沙拉油 65g
養樂多 .... 2 瓶
桂圓肉 160g
核桃......................40g

製作蛋糕體

1 製作前一天先煮桂圓乾，將桂圓乾用養樂多先煮滾後，熄火。待涼。

2 加點鹽，利用均質機打碎後，放人冰箱冰一晚。開始製作前再瀝出果肉來，備用。

3 將奶油與沙拉油一起放入鍋內，開小火將奶油融化後，熄火保溫。

4 將全蛋和黑糖、白砂糖一起以隔水加熱至 45 ～ 47 度後，關火。

羅爸小祕訣

★全蛋打發的蛋糕口感較爲蓬鬆，只要能將全蛋確實打發，泡打粉可以不用加。

5 倒入攪拌缸內，先以中高速開始攪打至蛋糊呈濃稠，再轉高速打發至拉起打蛋器寫 8 字不會消失。

6 轉慢速，慢慢加入瀝過水的桂圓果肉。

7 加入過篩的低筋麵粉和泡打粉。（全程請用慢速）

8 將融化的奶油慢慢倒入麵糊中攪勻，若加點蘭姆酒可更增添風味。

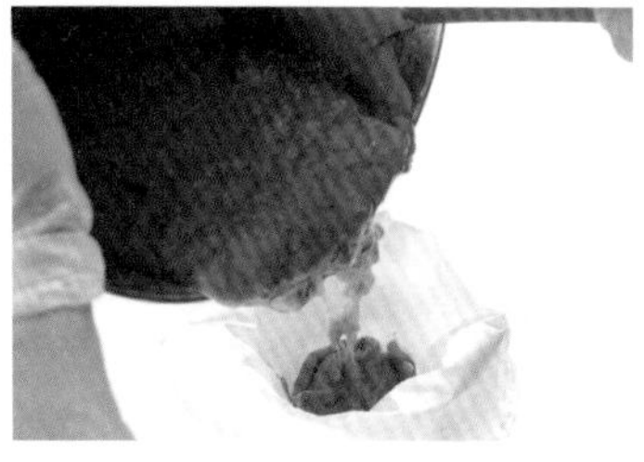

9 攪拌勻的桂圓麵糊倒入擠花袋中。

10 由中間注入桂圓麵糊至8分滿。

11 表面撒上核桃碎末。即可送入預熱好的烤箱中烘烤。

12 25分鐘後，用竹籤檢查是否烤熟，即可出爐。

檸檬小杯可愛蛋糕

烘培重點

50×39 捲口杯
9 個

上火 190°C
下火 170°C

24 分鐘

常溫 7 天
冷藏 10 天

事先準備

- 檸檬先刨出綠色皮屑
- 擠出檸檬汁備用
- 烤箱預熱上火 190°C，下火 170°C
- 低筋麵粉和泡打粉需過篩

材料

[蛋糕材料]

全蛋....................150g
細砂糖................150g
低筋麵粉............160g
泡打粉....................3g
檸檬汁..................16g
無鹽奶油...............75g
鹽..........................1 g
動物鮮奶油...........75g
蘭姆酒..................10g

[檸檬糖霜]

檸檬汁..................10g
糖粉......................40g
檸檬皮屑.................5g

製作蛋糕體

1 無鹽奶油以隔水加熱法將其融解後，熄火於溫水中保溫。

2 全蛋連同細砂糖和鹽先放入攪拌盆中，再以隔水加熱邊攪邊加熱至 40 ～ 45 度即可熄火，即可準備打發。

3 打蛋器以高速先將全蛋液打到蛋糊變白呈濃稠狀，再轉中速打到紋路明顯。

4 加入檸檬皮屑。

5 轉慢速加入過篩的低筋麵粉和泡打粉，以免粉類噴飛。

6 慢慢依序倒入融化過的奶油、動物鮮奶油、蘭姆酒和檸檬汁增加風味。

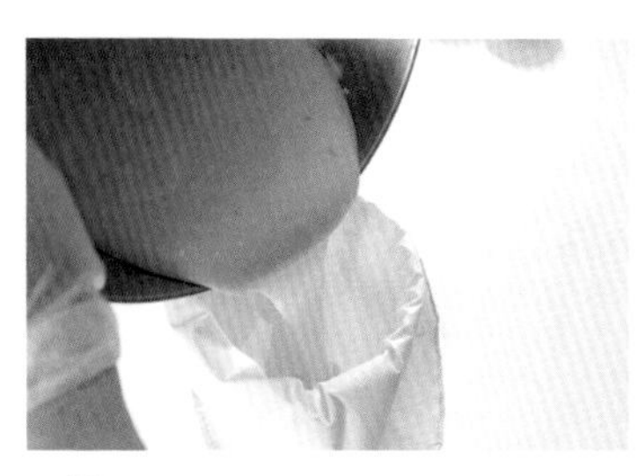

7 全部攪拌均勻後，倒入擠花袋中，準備進行分裝。

8 分別擠入捲口杯中至 8 分滿。入烤箱前記得要重敲一下。以上火 190 下火 170 度烤 24 分即可出爐。

製作檸檬糖霜

9 糖粉加入檸檬汁攪勻看不到糖粉。(想要更美觀也可以加入些許的檸檬皮)

10 以小湯匙分別挖些糖霜，淋在小蛋糕的表面上。

11 完成酸甜好滋味的小杯子蛋糕。

PART 3

回購率最高的
塔點、餅乾

羅爸的減糖、減油配方，堅持用料要十足，才能真實呈現食物的美味。三色曲奇餅、四色鑽石餅、會爆漿的塔點，一向是日常裡最受歡迎的點心；節日裡加入繽紛果乾的雪花酥、用新鮮蛋白打出來多了一份奶香的牛軋糖，則令人念念不忘，回購率超高。

爆漿半熟乳酪塔

烘培重點

烘王烤盤
41.5×33×3.5 公分

塔模 10 個

第一階段
上火 180°C
下火 180°C
第二階段
上火 230°C

第一階段
28 分鐘
(烤塔皮時間)
第二階段
8 分鐘
(烤內餡時間)

現吃最美味

常溫 3 天

事先準備

- ✔ 備擠花袋與圓形花嘴
- ✔ 無鹽奶油於室溫中回軟至表面用手指輕觸會出現指印的程度
- ✔ 烤箱預熱上下火 180°C
- ✔ 低筋麵粉和杏仁粉過篩

材料

(份量／10 個)

[蛋塔皮]

無鹽奶油............120g
糖粉.......................45g
杏仁粉 20g
低筋麵粉............200g
全蛋..................... 1 顆
鹽 ....少許

[乳酪內餡]

馬士卡邦............200g
奶油乳酪............250g
白砂糖 55g
動物鮮奶油 80g

製作塔皮

1 將奶油、糖粉先混合均勻後，打到稍微泛白，再加入蛋液、過篩的低筋麵粉、杏仁粉和鹽拌成糰。

2 麵糰分割成 10 等分，每顆大約 40g。

3 將麵糰沾點手粉，先用手掌壓平後再放入塔模內。由中間慢慢繞圓將麵糰往上推平。

4 也可以利用壓塔模的工具，蓋上保鮮膜，直接壓完取下。（用塔模製作的優點，有統一的規格化製作效果。能提升賣相！）

5 取下保鮮膜，將多出模具外的塔皮修剪整齊。

6 使用叉子在塔皮底部戳洞，否則四邊會容易收縮。

7 送入預熱好上下火都 180 度的烤箱內烤 28 分鐘，再取出放涼備用。（完成塔皮烤製）

製作內餡

8 將奶油乳酪先壓軟，再加入白砂糖打勻。接著加入馬士卡邦的起司打勻。（此時，記得將烤溫上火調到230度，關下火。）

9 動物鮮奶油分2～3次加入，讓乳酪糊可以充分混勻。

10 打好的乳酪糊裝入擠花袋中擠入至塔皮內約9分滿。放入冰箱內冷凍約15～20分鐘，讓乳酪皮變硬。

11 取出冰箱的乳酪塔，要確定不沾手才能刷上蛋黃。

12 放入預熱230度的烤箱內中層，烤8分鐘。表面帶點焦香即可出爐。

羅爸小叮嚀

★刷上蛋黃，再放入烤箱中烤金黃上色，也將乳酪完封在內。

★剛烤出來的乳酪塔，吃的時候要特別小心，免得內餡被燙到。冰冰吃也很好吃。

古早味台式蛋塔

烘培重點

烘王烤盤
41.5×33×3.5 公分

圓形平底塔模
SN60615

上火 200°C
下火 190°C

25 分鐘

現吃最美味

常溫 3 天

- ✔ 糖粉和低筋麵粉需分別過篩
- ✔ 奶油要提早一小時以上放室溫下融化
- ✔ 內餡的 4 個全蛋和 2 個蛋黃需事先打散
- ✔ 烤箱預熱上火 200°C下火 180°C

材料

（份量／ 15 個）

[蛋塔皮]

無鹽奶油............120g
糖粉......................45g
奶粉......................15g
低筋麵粉............200g
蛋黃.................... 1 顆
鹽 ....少許

[蛋塔內餡]

全蛋.................... 4 顆
蛋黃.................... 2 顆
鮮奶...................460g
白砂糖 70g
蘭姆酒 ....少許

製作塔皮

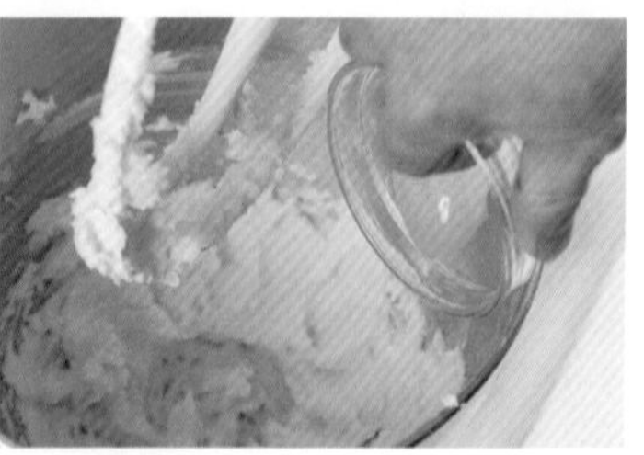

1 將奶油倒入鋼盆中，糖粉過篩一起攪拌均勻，再加入一顆蛋黃後續打至奶油有點泛白（不要將奶油打發）。

2 加入過篩的低筋麵粉和奶粉攪拌成糰。

POINT ！

塔皮的軟硬度，最好是可以壓下去的軟度，在烤時才不會裂掉。

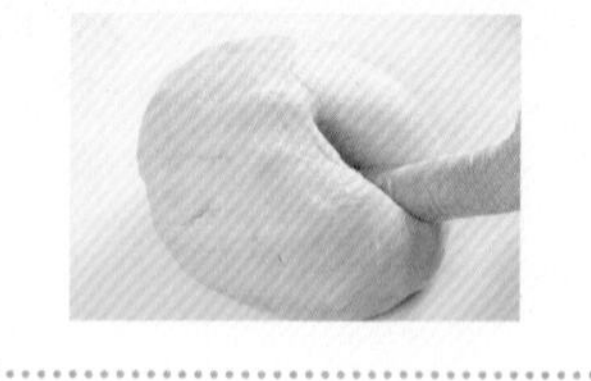

3 將塔皮麵糰分割成 15 等分。每顆約 30g。

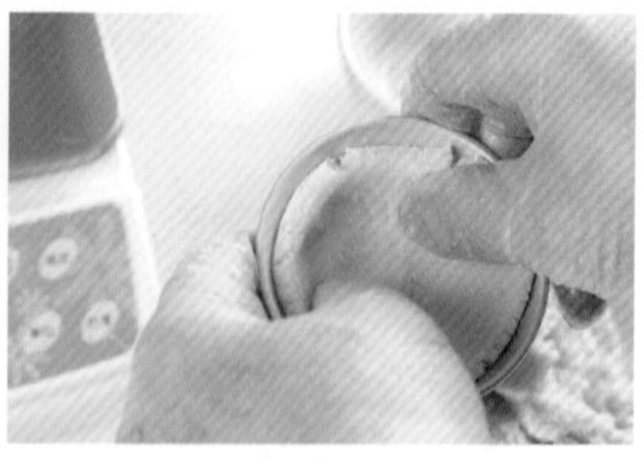

4 將塔皮先沾點手粉，放入模具內，用拇指由中間往下壓，將麵糰往外擴張。

5 麵糰慢慢壓平均後，會高塔模高出一些，再用刀子以斜切的方式將多出來的塔皮削平。

製作內餡

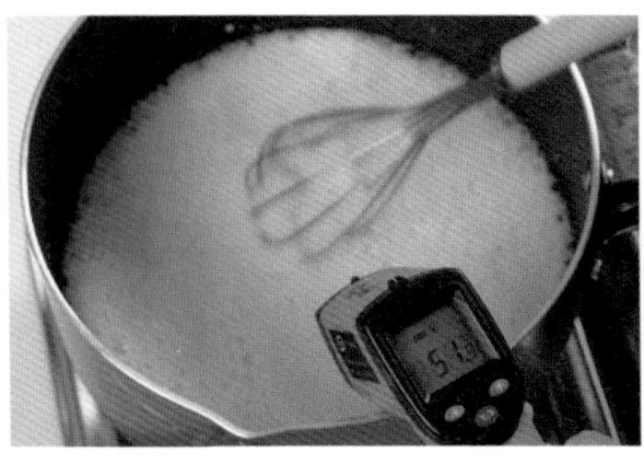

6 將牛奶、蘭姆酒和白砂糖倒入鍋中，開小火加熱到 50 度左右。熄火，準備加到蛋黃液中。

7 接著將牛奶慢慢加入事先打散的蛋黃液中，要邊打邊攪。

8 為了讓內餡更綿密，利用濾網過濾出混合好的蛋塔液。(可過篩 2 次)

9 由於過濾時會產生很多氣泡，可以用保鮮膜覆蓋在蛋塔液上。

10 藉由保鮮膜，將蛋液倒入分裝壺內，此動作可同時過濾掉氣泡。

11 利用分裝壺將蛋液注入到塔皮內。

12 分裝到 9 分滿，就可以放到預熱好的烤箱內烤 24 ~ 25 分鐘，觀察是否有上色即可。

13 出爐後的蛋塔皮薄餡多，表面光滑平整！

羅爸小提醒

★內餡烤製時間到時，可試著搖晃看看，若是 Q Q有彈性，水水的感覺就表示沒熟，需再烤一下，時間再依自己的情況調整。

葡式焦糖蛋塔

烘培重點

烘王烤盤
41.5×33×3.5 公分

7 公分塔模

第一階段
上火 200°C
下火 190°C

25 分鐘

現吃最美味

冷藏 5 天
要吃時 150 度
烤 5 分鐘

事先準備

- 市售的葡式蛋塔皮，先取出退冰
- 保鮮膜備用，可去除蛋液上的氣泡
- 烤箱預熱上火 200°C下火 190°C
- 半根香草，利用刀子刮出香草籽

材料

（份量／ 10 個）

市售蛋塔皮........ 10 顆
蛋黃......................75g
白砂糖..................65g
牛奶....................125g
動物鮮奶油.........225g
香草莢.................半根

製作蛋塔液

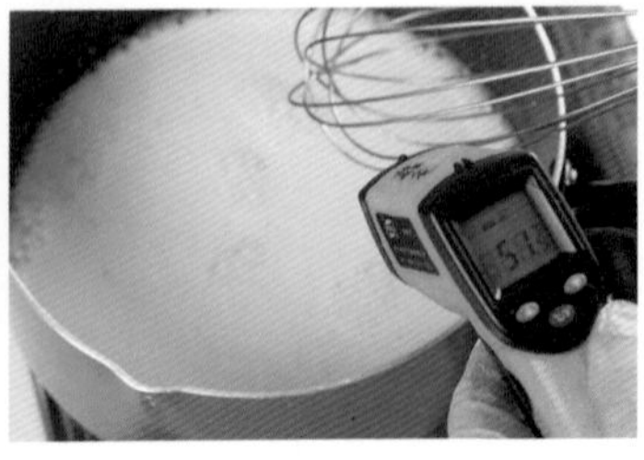
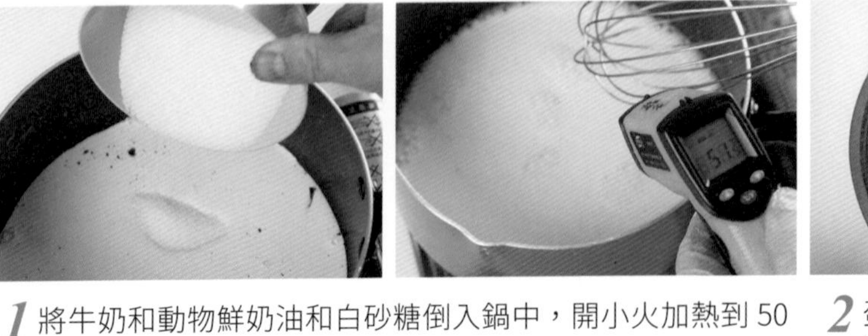

1 將牛奶和動物鮮奶油和白砂糖倒入鍋中，開小火加熱到 50 度左右，讓砂糖融化。

2 蛋黃先打散，將煮好的牛奶一邊攪拌一邊倒入到蛋黃液中。

3 為了讓內餡更綿密，利用濾網濾出混合好的蛋塔液。

4 由於過濾時會產生很多氣泡，可以用保鮮膜覆蓋在蛋塔液上。

5 藉由保鮮膜，將蛋液倒入分裝壺內，此動作可同時過濾掉氣泡。

6 利用分裝壺將蛋液注入到市售的塔皮內。

7 分裝到 9 分滿，就可以放到預熱好上 200 下 190 度的烤箱內烤 24～25 分鐘。

8 烤出爐的蛋塔帶焦香味，會讓人很想一口咬下！

SWEETS & COOKIES
Premium Products
Emily's Bakery
Burger
100% handmade
LIGHT FOOD

澳門鳳凰酥

烘培重點

蛋捲機
或平底鍋

常溫 10 天

密封盒冷藏可
保存長時間

事先準備

✔ 可依喜愛的口味，準備調味的海苔條與芝麻，香菜等

材料

全蛋....................220g
無鹽奶油..............30g
沙拉油..................60g
低筋麵粉..............92g
細砂糖................120g
鹽...........................2g

做法

1 將沙拉油和無鹽奶油一起用隔水加熱或是小火融成液體狀。

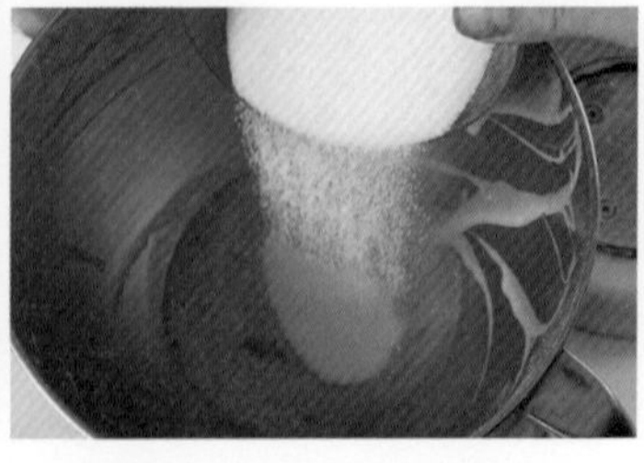

2 鋼盆內將全蛋打散加上白砂糖、鹽一起先混合。再加入過篩的低筋麵粉。

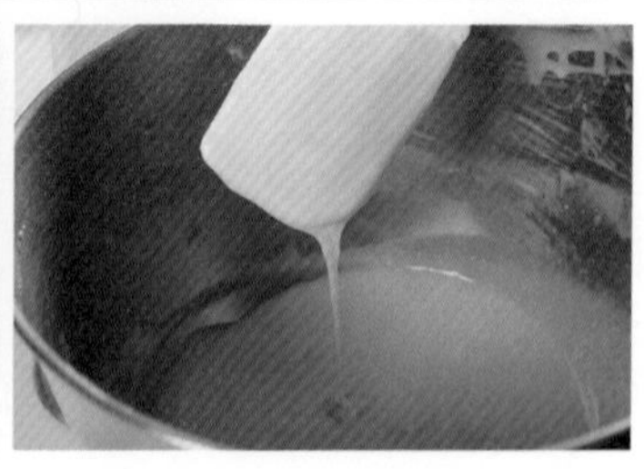

3 將融化的奶油分 2 ～ 3 次加入，調成流動性的麵糊狀。

4 蛋捲機溫度調約 150 度，可先鋪上海苔條。

5 挖上一匙麵糊，蓋上蓋子。約 20 ～ 30 秒等蒸氣冒完再打開蓋子。

6 鋪上肉鬆，再利用攪拌尺將餅皮左右摺疊起來。

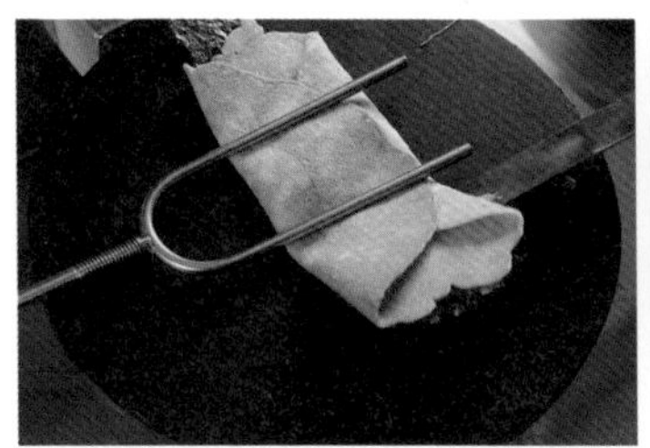

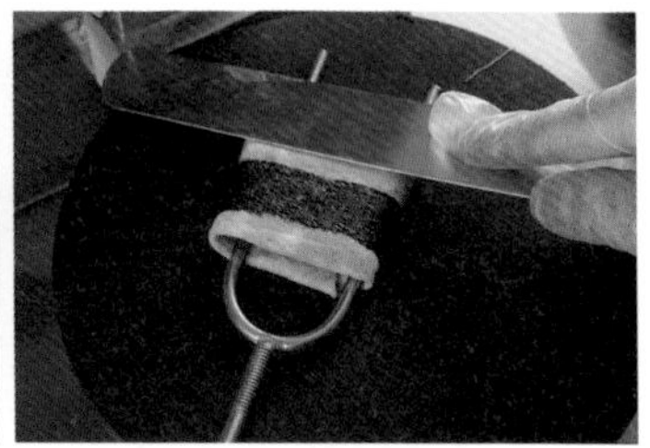

7 接著再將餅皮上下摺疊起來。摺的時候要來回壓緊實。

8 一旁放涼即可。

羅爸小祕訣

★鳳凰卷和蛋捲的做法雷同，一種是用捲的筒狀型，一種是以摺疊方式摺出層次的口感。除了海苔肉鬆口味，也可以自己變化夾上喜歡的果醬或芝麻口味。

CUPCAKES
eat me!
Blessing

波霸珍珠抹茶布丁塔

烘培重點

烘王烤盤
41.5×33×3.5 公分
直徑 6 公分的
馬芬紙模杯

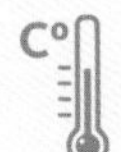

第一階段
上火 230°C
下火 180°C
第二階段
上火 180°C
下火 180°C

第一階段
8 分鐘
第二階段
20 分鐘
(一共烤 28 分鐘)

現吃最美味
常溫 3 天

事先準備

- 無鹽奶油於室溫中回軟至表面用手指輕觸會出現指印的程度
- 烤箱預熱上下火 180°C
- 黑糖珍珠事先煮好放冷(建議使用德麥的不老珍珠)
- 粉類需分別事先過篩

材料

(份量/6 杯)

[塔皮]
低筋麵粉............125g
抹茶粉....................8g
杏仁粉..................20g
糖粉......................45g
無鹽奶油..............46g
全蛋汁..................30g
鹽........................少許

[布丁內餡]
蛋黃......................78g
動物鮮奶油.........210g
牛奶...................210g
煉乳......................60g
香草液 .... 少許

[珍珠]
珍珠......................50g
黑糖粉..................20g

變化口味

[奶蓋]
動物鮮奶油...........40g
牛奶......................10g
糖 10g
海鹽.......................1g

製作塔皮

1 將放軟的奶油和糖粉、鹽先放到鍋中用慢速混合打到稍微泛白，分次加入蛋液，使其充分吸收。

2 加入過篩的低筋麵粉、杏仁粉和抹茶粉一起打到成糰。再用袋子裝起來休息冰 10 ～ 15 分鐘。

3 將麵糰分割 6 等分，每顆大約 45g。

4 將麵糰沾點手粉，先用手掌壓平後再放入塔模內。由中間慢慢繞圓將麵糰往上推平。再放入冷凍冰 10 分鐘。

羅爸小祕訣

★麵糰的軟硬度可以用全蛋汁調整到可以壓出痕跡的狀態。

製作布丁內餡

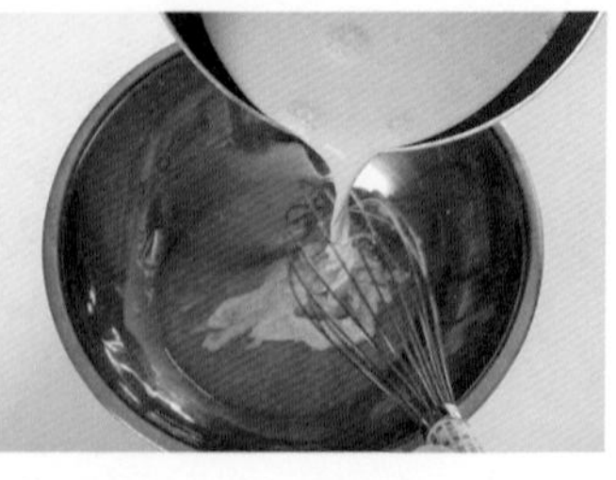

5 動物鮮奶油、牛奶、香草酒和煉乳一起倒入鍋內加熱到 40 ～ 50 度。

6 用鍋子裝全蛋液，再將加熱好的牛奶液，以邊攪邊倒的方式倒入蛋黃鍋內。

7 取濾網將蛋黃液過濾一次後，再倒入分裝壺內。(記得濾掉泡沫)

8 將綠茶塔模從冰箱取出，分別倒入 8 分滿的布丁液。

9 放入預熱好的烤箱內先烤 8 分鐘，再調整烤箱溫度，繼續烤 20 分鐘，一共烤 28 分鐘，即完成。

10 填補上滿滿的黑糖珍珠。

製作奶蓋口味

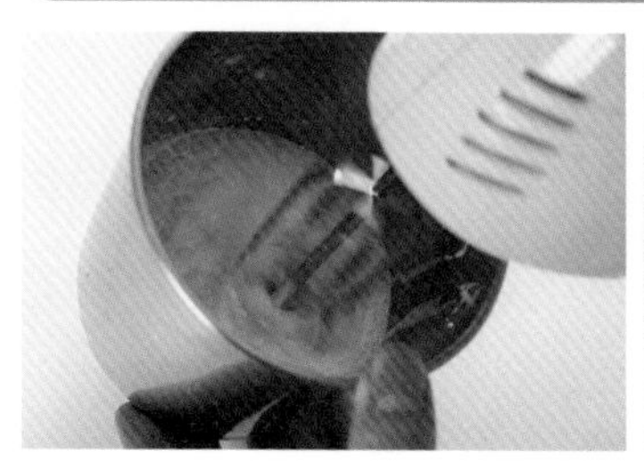

11 動物鮮奶油加海鹽、白砂糖、牛奶一起放入鍋內，用一隻電動打電器打到出現綿密的奶泡。

12 用湯匙挖到布丁的表面上。

13 可以再灑上防潮咖啡粉。

羅爸小叮嚀

★黑糖珍珠的煮法：

鍋裡放清水以 1：8 的比例將其煮開後，再倒入珍珠，邊倒要邊攪拌，以免黏到鍋底。煮到珍珠浮上來，放入黑糖攪散後，蓋上鍋蓋。(記得留一縫隙免得泡泡冒出來) 煮約 20 分，中間需 5 ～ 8 分鐘攪拌一次讓珍珠可以充分受熱，再悶 20 分鐘。然後把珍珠過冰水讓珍珠變得 Q 彈晶瑩剔透。

莎布列法式鑽石餅乾

烘培重點

烤盤 1 個
35×25×3.5 公分

上火 150°C
下火 140°C

40 分鐘

常溫 14 天
密封盒冷藏 30 天

事先準備

- 備紙巾的圓筒或是保鮮膜紙筒
- 糖粉與粉類需要事先過篩
- 檸檬皮要先刮下來

材料

[檸檬口味材料]

無鹽奶油...............72g
中筋麵粉...............90g
杏仁粉..................22g
糖粉......................28g
檸檬皮.................少許

[抹茶口味材料]

無鹽奶油...............70g
中筋麵粉...............98g
杏仁粉..................15g
糖粉......................28g
抹茶粉....................8g
蜂蜜..............5～10g

[可可豆口味材料]

無鹽奶油...............70g
中筋麵粉...............88g
杏仁粉..................16g
糖粉......................28g
可可豆..................12g

1 奶油不用退冰，直接加入過篩的糖粉和檸檬皮。

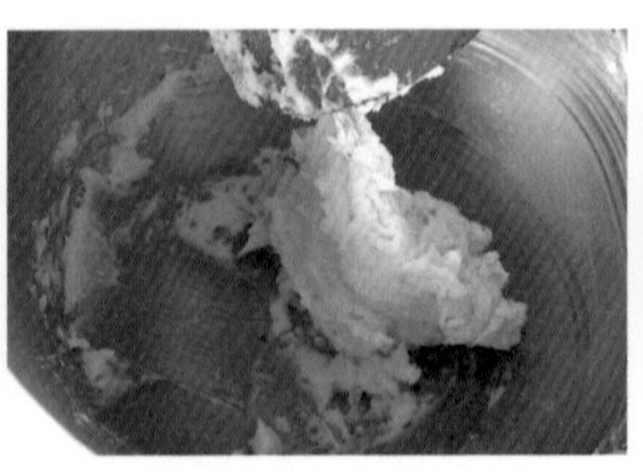

2 用中速將奶油打軟，不需要打發，底部要記得刮鋼。

3 加入杏仁粉和中筋麵粉拌成麵糰。(若麵糰有點太軟，可加少許奶粉調整)

4 手沾些手粉將麵糰搓成圓柱狀。

5 長度約為備用紙筒的大小長度。(可以試著塞看看能不能塞進去大小。)或自行直接搓成圓柱狀。

6 準備砂糖，將麵糰整個均勻的滾上一圈的糖。（也可用粗糖代替）

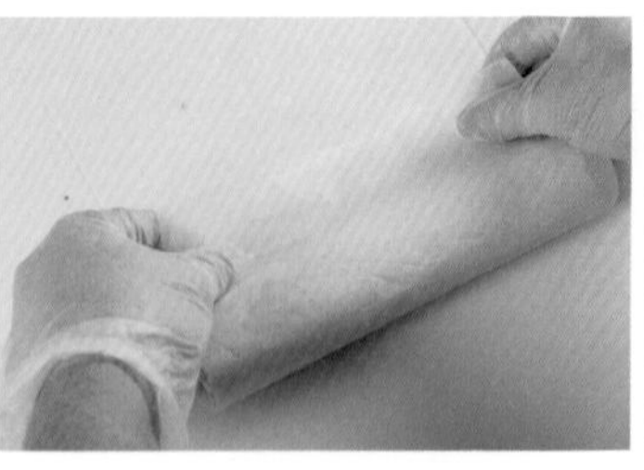

7 用烘焙紙將麵糰包裹起來。要確實捲緊。

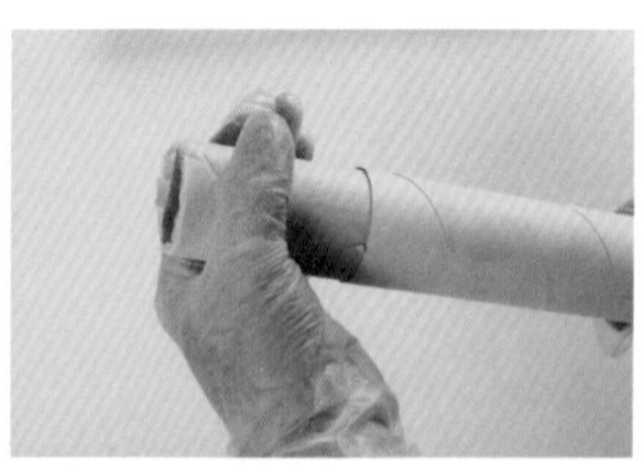

8 再將麵糰整隻塞到紙筒裡塑形。

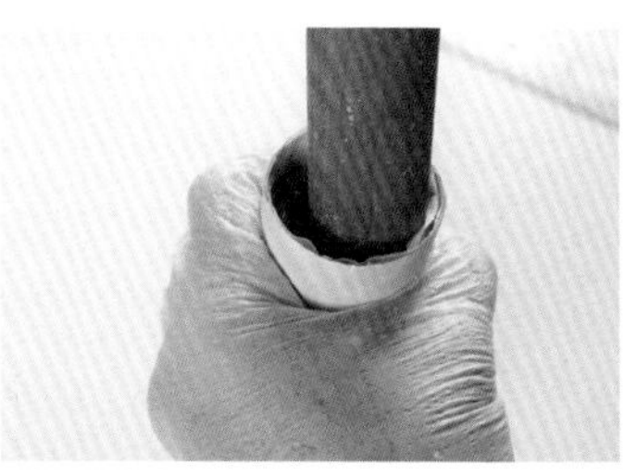

9 兩端多餘的烘焙紙可以捲緊。並用擀麵棍推進去後，整隻放入冷凍庫。

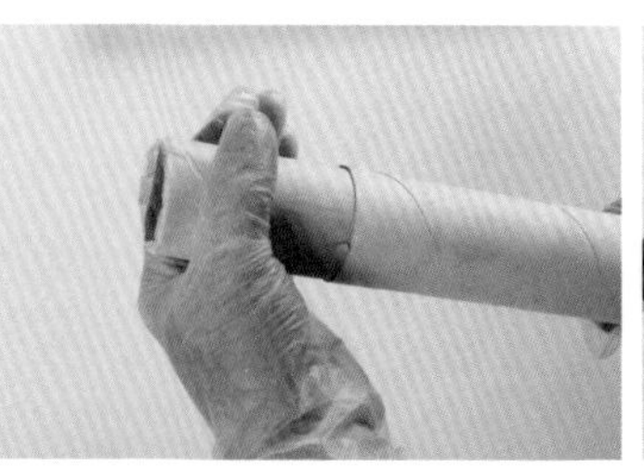

10 30 分鐘後，將麵糰取出。

11 撕掉紙模。

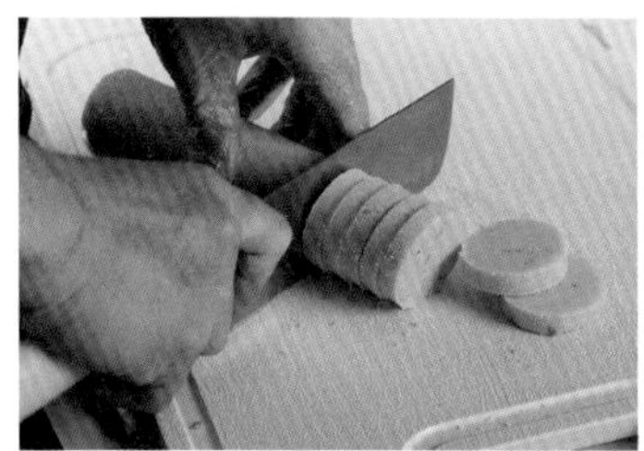

12 各切成 1 公分厚。約可切 21 片。

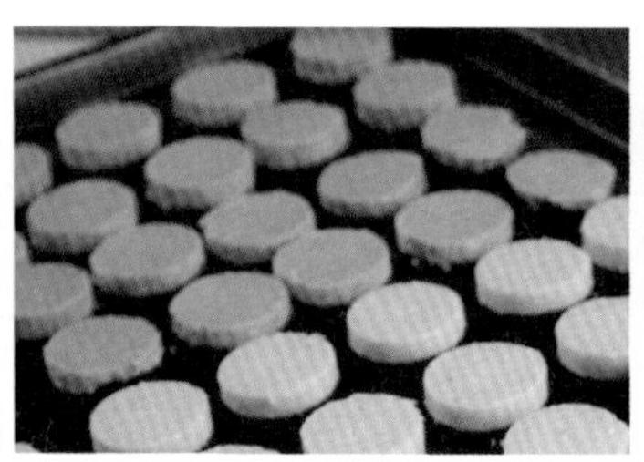

13 將餅乾整齊排列，放入預熱好的烤箱內烤 40 分即可出爐。

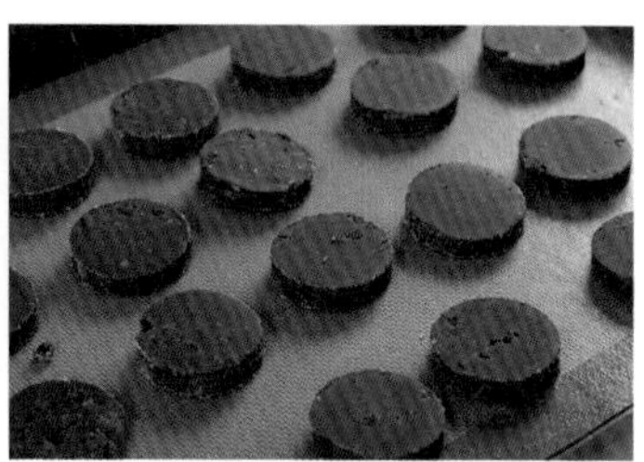

14 此款餅乾體，可以依自己的喜好做，調成不同口味和形狀。

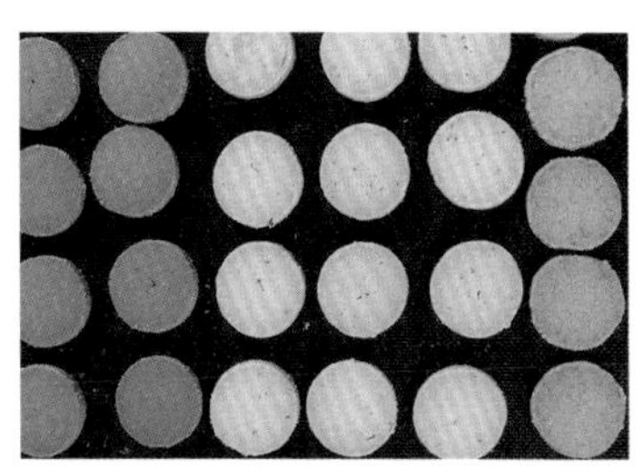

15 一次可烘烤出多種口味的餅乾。色彩繽紛對賣相非常加分。

羅爸小祕訣

★麵糰能多做一些放在冷凍，要烤之前先取出退冰一下，即可烘烤。

★冷凍餅乾的奶油不需要退冰，也不能打太發會影響口感。

★口味的變化，可依自己的喜好調整。

LOVE

愛妮曲奇餅

烘培重點

烘王烤盤
41.5×33×3.5 公分

8 齒花嘴

第一階段
上火 150°C
下火 140°C

40 分鐘

常溫 10 天

密封盒冷藏可
保存長時間

事先準備

- 無鹽奶油於室溫中回軟至表面用手指輕觸會出現指印的程度
- 烤箱預熱上火 150°C下火 140°C
- 低筋麵粉要事先過篩

材料

[原味]

無鹽奶油............150g
糖粉......................40g
高筋麵粉...............22g
低筋麵粉............180g
牛奶........................8g
鹽 3g

[抹茶口味]

有鹽奶油............150g
糖粉......................40g
高筋麵粉...............22g
低筋麵粉............168g
抹茶粉 12g
牛奶........................8g
鹽 3g

[巧克力口味]

有鹽奶油............150g
糖粉......................40g
高筋麵粉...............22g
低筋麵粉............150g
法芙娜可可粉........20g
牛奶........................8g
鹽 3g

曲奇製作

1 將放軟的奶油和糖粉、鹽用慢速混合，再改中速打到微微泛白。

2 加入牛奶調整麵糊的軟硬度。

POINT！

奶油的泛白的程度。

3 將打發的奶油，加入過篩的低筋麵粉和高筋麵粉，以壓拌的方式將麵粉與奶油結合。

4 混好後的麵糊為了讓口感更細緻，以刮板將麵糰再壓拌的更細緻，其軟度如冰淇淋。

5 擠花袋先套好花嘴，再取麵糊裝入。

6 擠花時，麵糊在接觸到底盤時就要慢慢要往上拉。力道要平均。

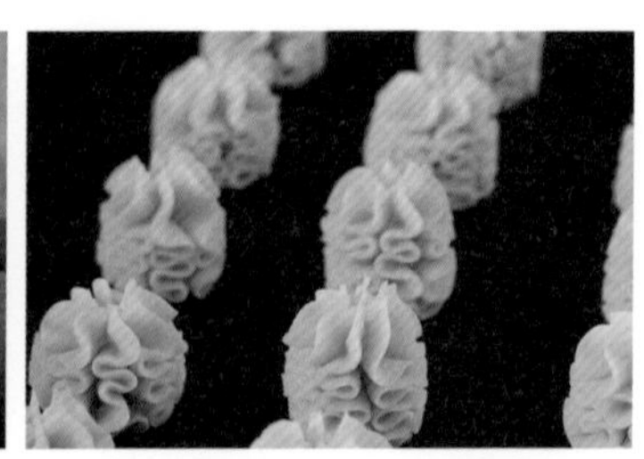

7 整齊排列，並且留點空隙。擠完後整盤先進冰箱冷藏一下。

巧克力口味

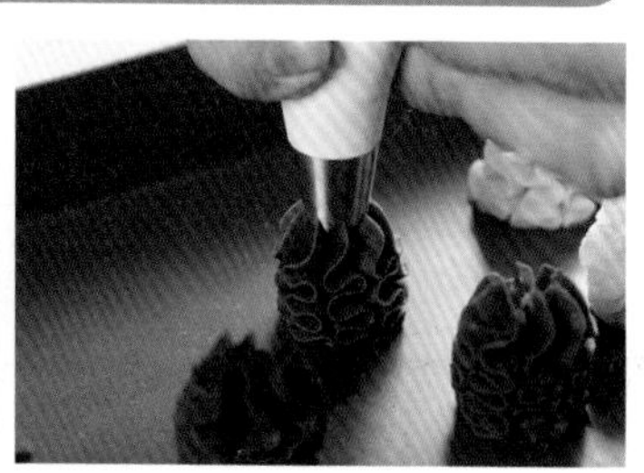

8 將奶油、糖同原味製作方式打發後，加入過篩的低筋麵粉、高筋麵粉和法芙娜可可粉，以壓拌的方式，將麵粉與奶油結合。

9 取出拌好的麵糰以刮板將麵糰再壓拌的更細緻，其軟度如冰淇淋。

10 麵糰裝入擠花袋中，再依序擠出花型。

抹茶口味

11 將奶油、糖同原味的製作方式打發後，加入過篩的低筋麵粉、高筋麵粉和抹茶粉，以壓拌的方式將麵粉與奶油結合。

12 取出麵糰糊以刮板將麵糰再壓拌的更細緻，其軟度如冰淇淋。再將麵糊裝入擠花袋中，(此時可以預熱烤箱了)

13 再依序擠出花型。將全部的曲奇餅冰鎮後，再一起放進預熱好上火 150 下火 140 度的烤箱烤 40 分鐘。

以低溫烘烤出來的餅乾，香酥脆。

羅爸小祕訣

★奶油和糖可以一起打發，再分別加入其它粉類。在操作上，則由淺到深的製作，可以減少清洗容器的次數。

★麵糊的軟度決定擠花的手感。若太硬或太軟都不太好擠。所以在加牛奶的階段就是調整軟硬的關鍵。調好麵糊要立刻擠，擠好後放冷凍再取出來烤。可增加餅乾的風味。

★奶油可改用含鹽的奶油，在材料中就不用再另外加鹽囉！

法式香煙卷

烘培重點

烘王烤盤
41.5×33×3.5 公分

上火 180°C
下火 180°C

6 分鐘

常溫 10 天

密封盒冷藏可保存長時間

事先準備

- 糖粉需要事先過篩
- 奶油事先融化，並保溫在 40 ～ 50 度左右

材料

[原味材料]

糖粉......................76g
中筋麵粉...............36g
杏仁粉 36g
蛋白......................72g
無鹽奶油...............52g
香草漿 ....少許

[法芙娜材料]

糖粉......................76g
中筋麵粉...............30g
法芙娜可可粉.........6 g
杏仁粉 36g
蛋白......................72g
無鹽奶油...............52g
香草漿 ....少許

製作原味香煙卷

1 將過篩的糖粉、中筋麵粉、杏仁粉和蛋白一起先在攪拌鋼內拌勻。

2 事先融化的奶油，分成二次加入麵糊內調勻。

3 麵糊調成濃稠狀。用保鮮膜蓋好放入冰箱冷藏 30 分鐘左右。

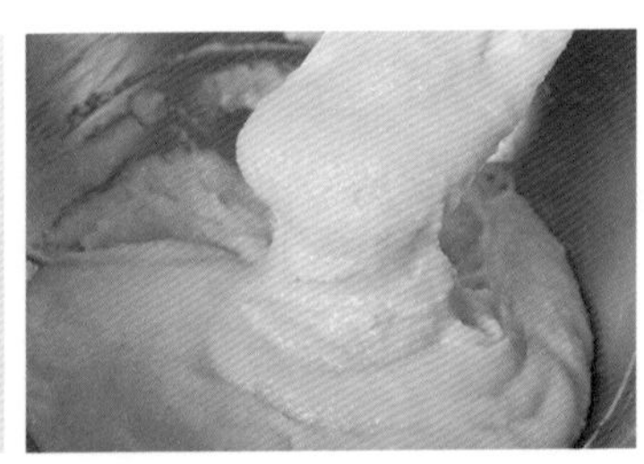

4 取出後的麵糊會呈現糊狀。

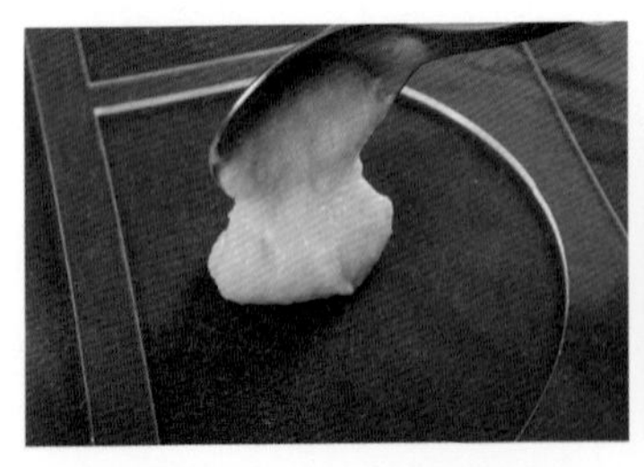

5 將烤盤倒扣，利用底部鋪上烤焙布再放上模具。用湯匙挖一匙麵糊。

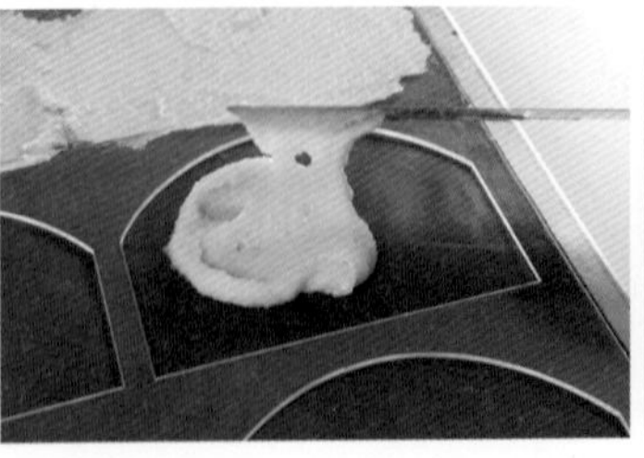

6 利用攪棒尺將麵糊先抹平，盡量讓中間厚，邊緣薄。

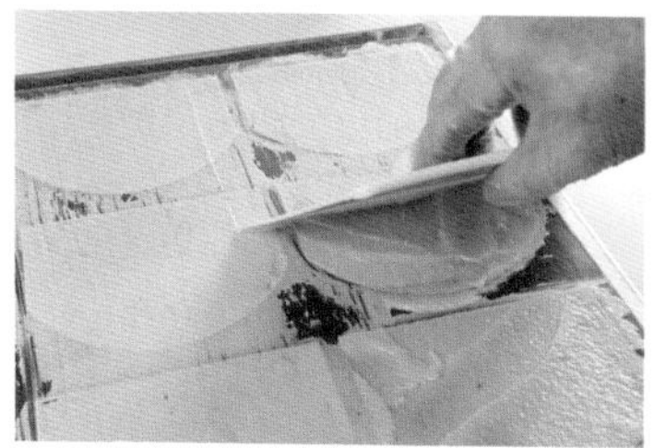

7 再用刮板將麵糊由上往下刮平。中間不能太薄，其周邊愈薄愈好。再取下模版。

8 連同烤盤一起放入預熱好上火下火 180 度的烤箱內烤 6 分鐘。要注意爐溫，不要烤太焦。

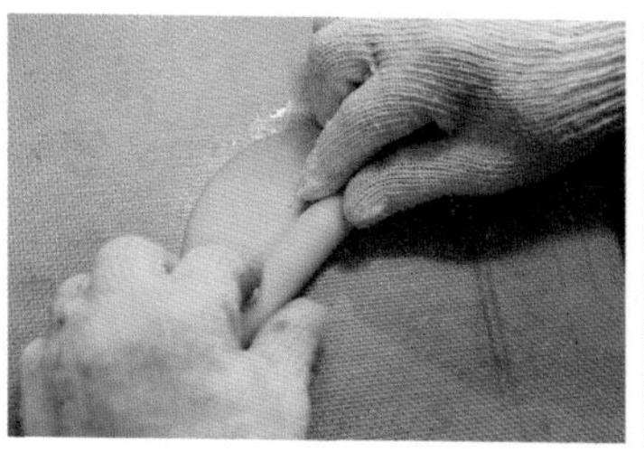

9 利用不鏽鋼捲棍，趁餅出爐還保有軟度時快速捲起。

10 捲出漂亮的香煙捲餅乾。

法芙娜可可版

11 糖粉過篩，依序加入中筋麵粉、可可粉、杏仁粉和蛋白一起先拌勻。

12 加人融化的奶油調成濃稠狀後，入冰箱冷藏 30 分鐘。

13 用湯匙挖一匙，再用攪拌尺由中間向外抹平。

14 中間厚邊緣薄，抹完後取下模版放入預熱好上火下火 180 度的烤箱內烤 6 分鐘。

15 捲出漂亮的可可捲。

羅爸小祕訣

★製作香煙卷，一般家庭會以湯匙來製作，但做爲接單用商品販售，還是用特製的模具，賣相較好，在捲的時候也比較好操作。

★一次只能烤 6 片，出爐動作要迅速的捲起。最好在烤爐旁邊製作。

羅爸烘焙小教室

捲香煙卷小技巧

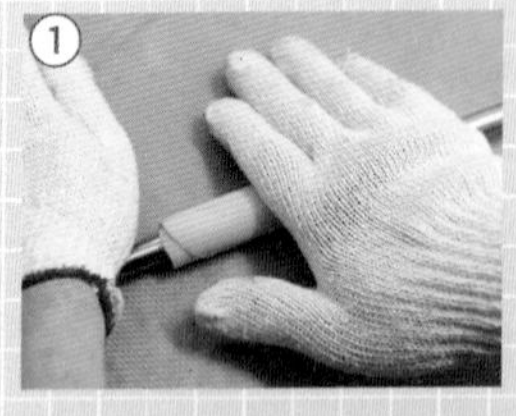

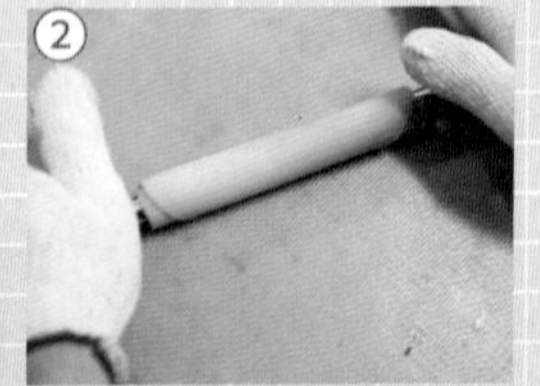

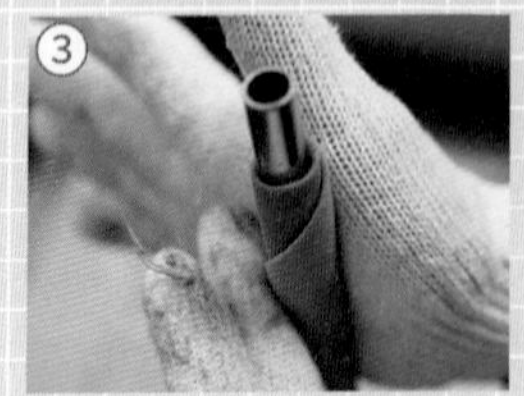

①先捲一圈，用手稍按壓讓起頭固定一下再捲。

②捲到底同樣在收尾的地方稍按壓，讓卷口不外翻。再來回滾一滾，讓餅乾塑型。

③立起來也要滾一滾再將捲棍抽出來。

④冷卻後要立即包裝，以免受潮變軟。

SWEETS & COOKIES
牧場的牛奶棒
surprise paris
Paris

烘培重點

烘王烤盤
41.5×33×3.5 公分

上火 210°C
下火 150°C

28 分鐘

常溫 10 天

密封盒冷藏可保存長時間

事先準備

- 無鹽奶油於室溫中回軟至表面用手指輕觸會出現指印的程度
- 烤箱預熱上火 210°C下火 150°C

材料

無鹽奶油	100g	奶粉	20g
糖粉	138g	泡打粉	3g
全蛋	85g	鹽	2g
中筋麵粉	400g	香草醬	少許

製作麵糰

1 容器內放入奶油，再加入過篩的糖粉打到奶油微微泛白。

2 全蛋打散慢慢倒入至奶油鍋內，讓奶油充分吸收。

3 倒入中筋麵粉和奶粉。(泡打粉可不加) 混合到完全看不到粉類完成麵糰。

4 將麵糰整型成一長型塊狀，再用 2 斤的塑膠裝起來，先放入冰箱冰 20 分鐘。

5 取出麵糰稍微壓平，並在袋上戳幾個洞，讓袋子能排氣。

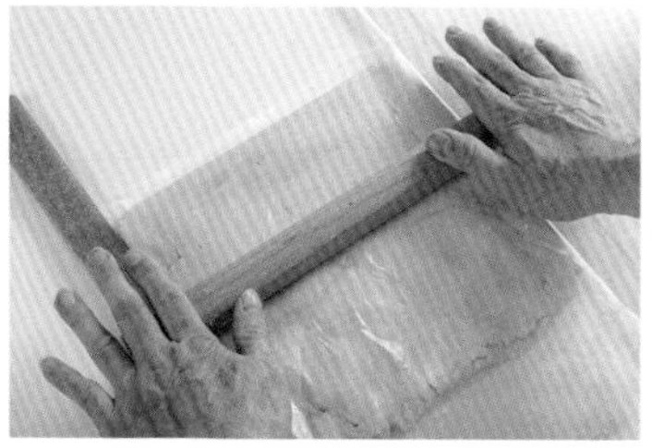

6 用二支排尺做為基準，將麵糰擀平。

7 擀出約 1 公分的厚度。

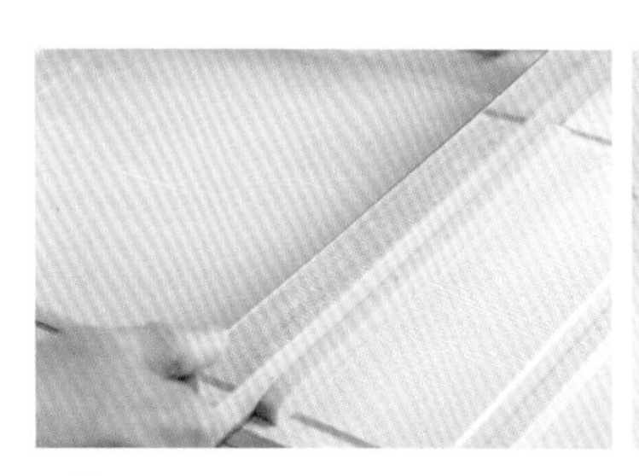

8 利用工具切出 1 公分的寬度。

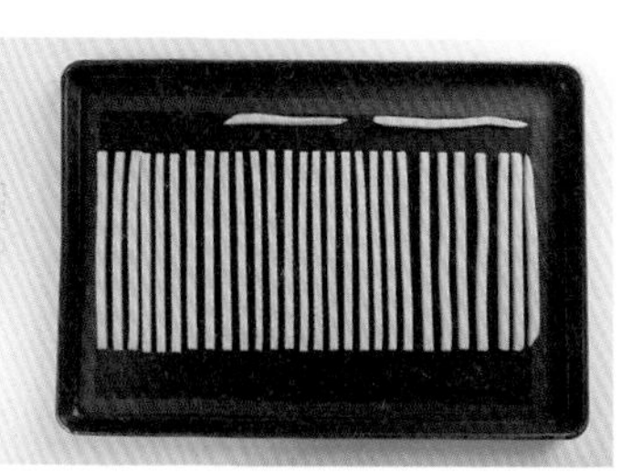

9 烤盤上鋪上透氣烤焙布，再將切好的麵條依序排列整齊。放入預熱好的烤箱內，低溫烘烤 28 分即可出爐，待冷卻後包裝。

羅爸小祕訣

★牛奶棒保留原始的風味，也可以自行添加芝麻來增加鈣質和香氣，想做成其它口味像是巧克力、綠茶等風味，記得麵粉的重量要扣除哦。

★牛奶棒進烤箱排列的步驟決定其美觀。要外型又直又長，可利用工具的輔助讓麵糰排列整齊。

BONNE CHANCE
BONNE JOURNEE
BONNE

靜岡綠莓雪花酥

烘培重點

不沾鍋

容器盤
35×25×3 公分

常溫 10 天

H 密封盒冷藏
可保存長時間

事先準備

- 將乾燥的草莓和無花果乾可先對切，備用
- 容器盤內需先鋪好烤焙紙

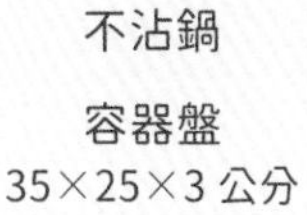

材料

棉花糖................700g
無鹽奶油.............130g
奶粉....................120g
靜岡抹茶粉...........25g
乾燥無花果...........80g
乾燥草莓.............100g
蔬菜奇福餅.........800g
小米香.................適量

融解棉花糖

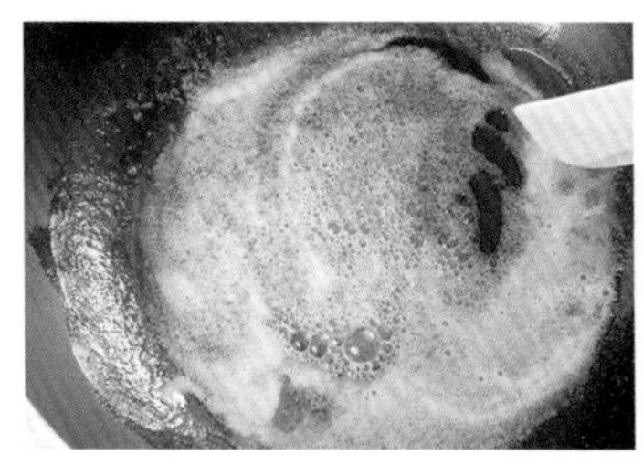

1 不沾鍋開小火，將奶油融化。

2 倒入棉花糖開始煮，需一邊翻拌一邊旋轉鍋邊。讓棉花糖均勻受熱。

3 棉花糖軟化後，加入過篩的奶粉翻拌混合。

風味調製

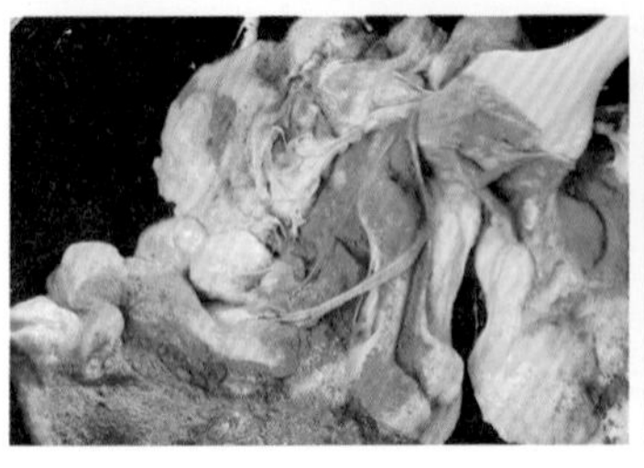

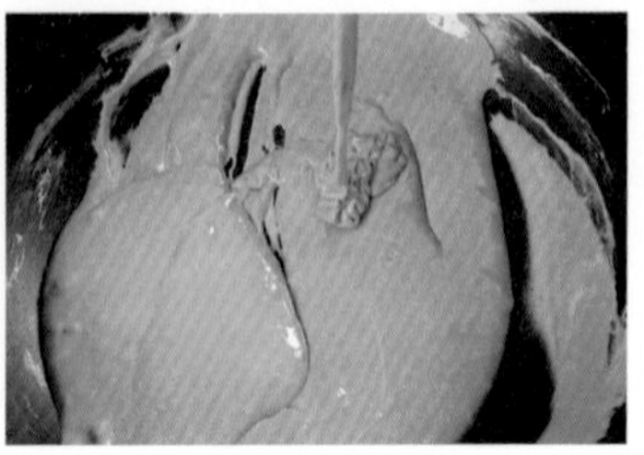

4 加入過篩的抹茶粉翻拌至看不到白色的棉花糖。

5 接著倒入餅乾。熄火。

6 最後再加入漂亮且切好的無花果與草莓果乾。

7 利用溫度快速將棉花糖和餅乾、果乾一起混合均勻。

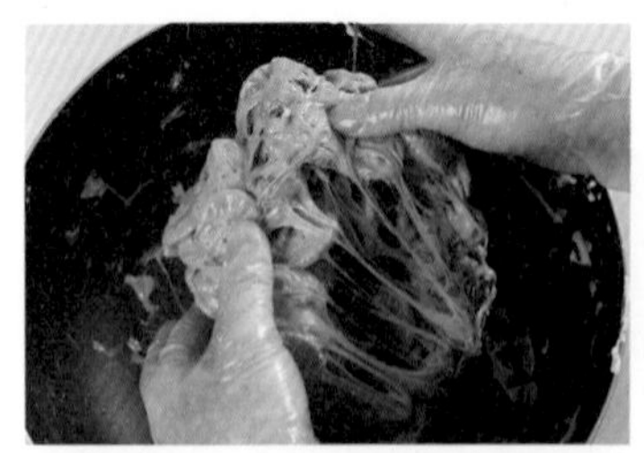

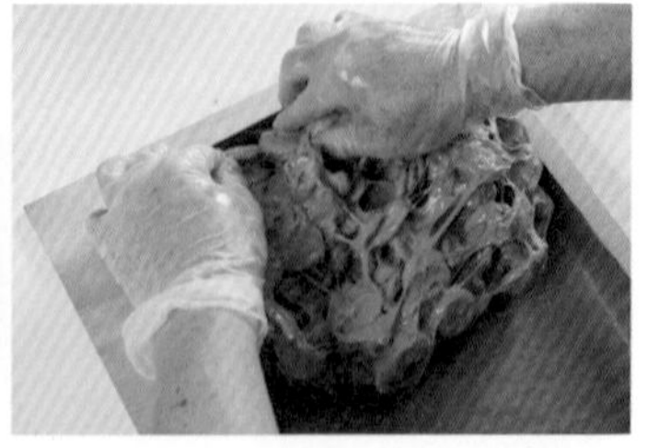

8 手沾點植物油將整塊拌好餅乾的棉花糖取出來，放到鋪好烤焙布的深烤盤內，以對摺再對摺的方式入模。

9 表面上灑上小小米香。(不灑也可以)

10 將整塊擀平後，灑上薄薄一層奶粉，就像沾了雪花一樣。

11 取切糖刀和直尺切塊。切成小塊狀，其大小可依包裝袋來決定。

12 傳說中貴婦最愛的雪花酥就完成。

羅爸小祕訣

★各種廠牌的棉花糖融點不盡相同，若是買到太大不好融，就試著把棉花糖切小塊狀，再進行融解。大約 70 度開始融化。

★取棉花糖手要沾點油搓一搓，才好拿棉花糖並且利用對摺方式，摺成模子的大小。

金沙流鬆雪花酥

烘培重點

不沾鍋

容器盤
35×25×3 公分

常溫 10 天

密封盒冷藏可
保存長時間

事先準備

- 鹹蛋黃先以 150 度烤 15 分鐘，出爐前用米酒噴一下。去腥也能增加風味
- 容器盤內要事先鋪好烤焙布，讓棉花糖更好操作

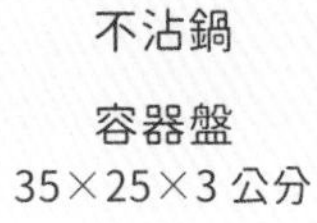

材料

棉花糖................700g
無鹽奶油............140g
奶粉....................120g
鹹蛋黃............... 15 顆
肉鬆......................適量
餅乾....................950g

融解棉花糖

1 將鹹蛋黃利用輔具工具壓成泥狀。

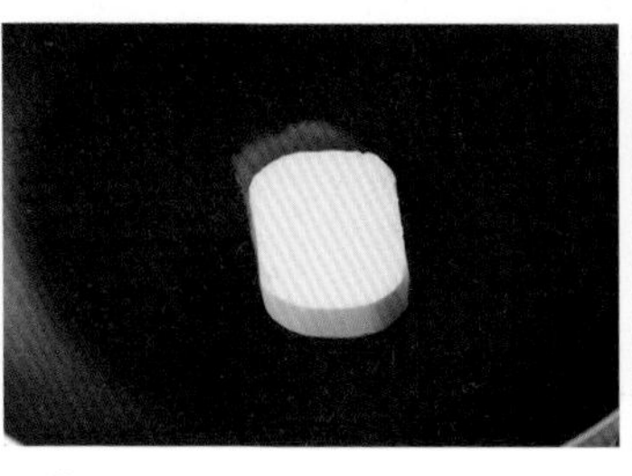

2 開小火，將奶油用不沾鍋來融化。

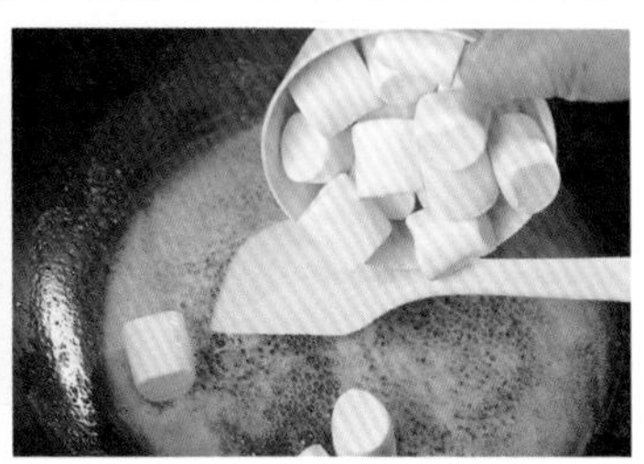

3 倒入棉花糖開始煮，需一邊翻拌一邊旋轉鍋邊。讓棉花糖受熱更均勻。

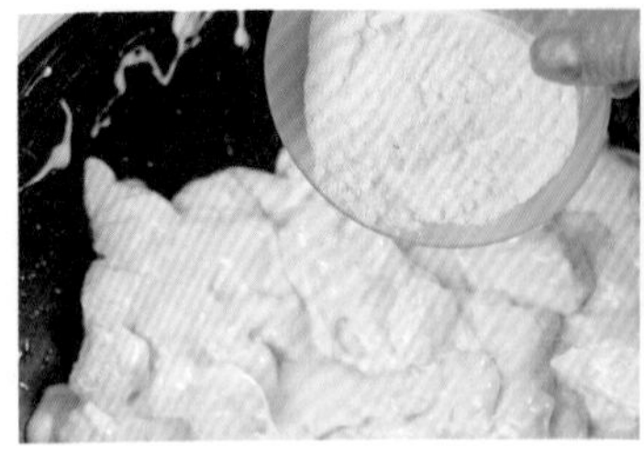

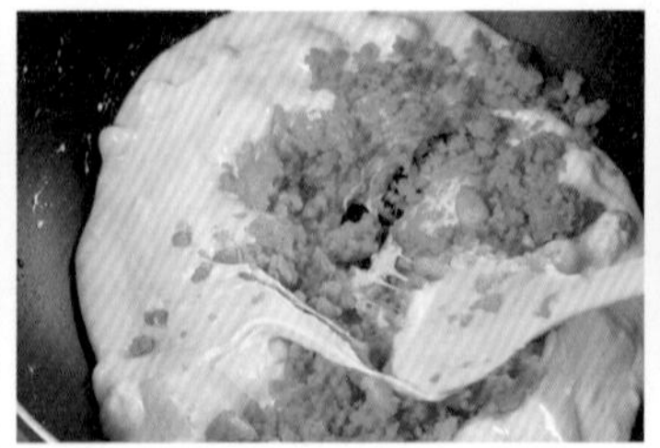

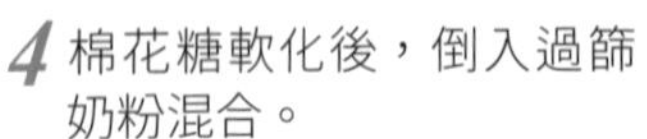

4 棉花糖軟化後，倒入過篩奶粉混合。

5 加入壓碎的鹹蛋黃，繼續翻拌均勻。

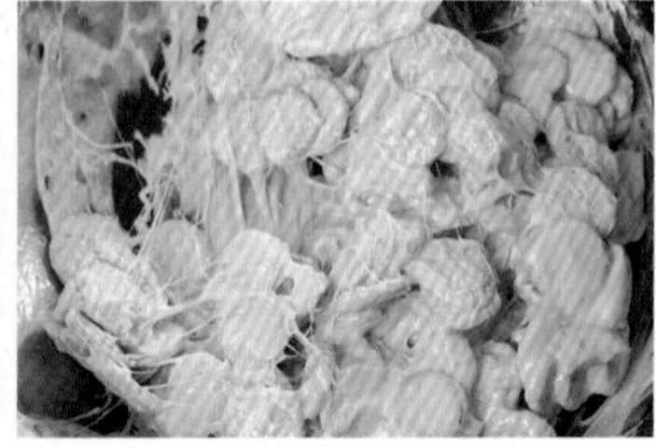

6 最後倒入餅乾。熄火。翻拌到棉花糖與餅乾黏合。

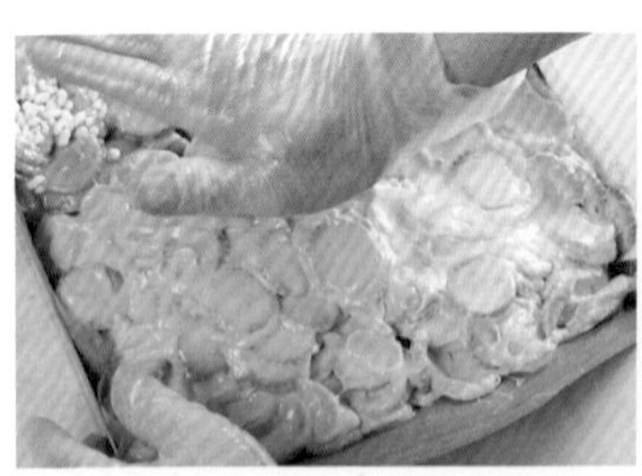

7 手沾點植物油將整塊拌好餅乾的棉花糖取出，放到容器內，以對摺再對摺的方式入模。

8 表面上灑上肉鬆，壓緊實後，再同綠茶雪花酥一樣切成小塊狀，即可入袋包裝。

羅爸小叮嚀

★肉鬆和鹹蛋黃能中和棉花糖的甜，是一款很特別的鹹甜口味雪花酥。

★壓碎的鹹蛋黃和肉鬆的多寡，也會影響到其風味。試試吧！

SWEETS & COOKIES
抹茶杏仁豆
牛軋糖

烘王烤盤
41.5×33×3.5 公分
不沾平底鍋

常溫 10 天
冷藏 30 天

- 杏仁豆要先放在烤箱用低溫保溫
- 奶油隔水融化後，放於熱水中保溫
- 抹茶粉和奶粉要過篩
- 2 斤以上的塑膠袋裁開，備用
- 準備不沾的烤焙布
- 煮糖用溫度計
- 可放 2 斤半的糖盤

材料

水麥芽 (75%)......660g
細砂糖................150g
水.......................160g
鹽...........................4g
奶油....................150g
奶粉....................150g
抹茶粉..................24g
冰蛋白..................45g
細砂糖..................42g
杏仁果................500g

煮糖漿

1 鍋內放入水麥芽、細砂糖150g、鹽和水一起煮，慢慢讓糖的溫度煮到135度左右。(當糖的溫度升到115度時就要準備打蛋白)

POINT !

製作牛軋糖中最重要關鍵，就在煮好糖漿至到達的溫度時，同時蛋白也打發好，是最完美。因此，在等待糖的溫度來到115度時，就可以先準備打蛋白，讓糖繼續煮。

2 取出冰箱的蛋白，直接用高速打出泡沫。

羅爸小叮嚀

★接下來的動作要一氣呵成。以免糖的溫度下降後，不好操作。

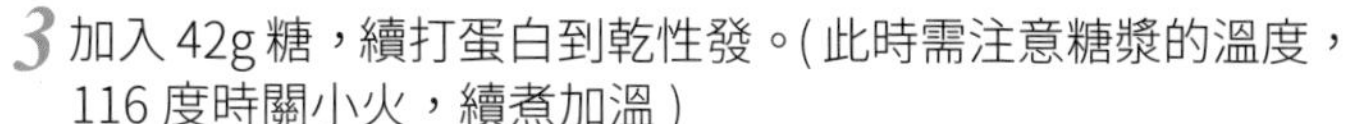

3 加入42g糖，續打蛋白到乾性發。(此時需注意糖漿的溫度，116度時關小火，續煮加溫)

4 糖漿的溫度升高到135時，將鍋子拿起來搖一搖，準備要沖蛋白了。(沖糖漿的速度不可以太快，以免蛋白消泡)

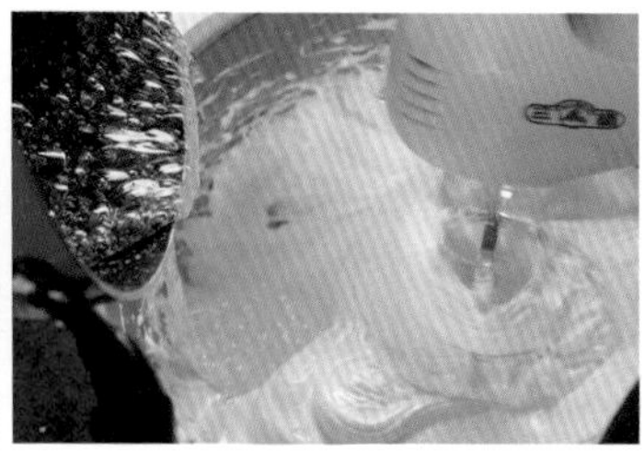

5 蛋白鍋底下，最好墊個止滑墊。然後一手手持打蛋白，一手將糖漿慢慢加入蛋白鍋內。

6 以高速讓糖漿與蛋白整個吸收結合，再將打蛋器取出。準備刮鋼。

7 刮鋼。鍋邊用噴火槍稍微加熱一下，讓糖稍微軟化比較好取下來。再用刮板將四周的糖刮下來。（這樣可以減少耗損）

8 刮下來，需再用打蛋器再混合攪打均勻。

9 接著一邊打一邊加入保溫約 50 度的奶油液體，混合吸收。

10 打蛋器一直維持在攪打的狀態下，加入過篩的綠茶粉和奶粉，即可把打蛋器挪開。(記得刮鋼。打蛋器要立即泡熱水才好清洗。) 用攪拌刮刀將綠茶粉翻拌均勻，記得四周也要刮一刮拌勻。

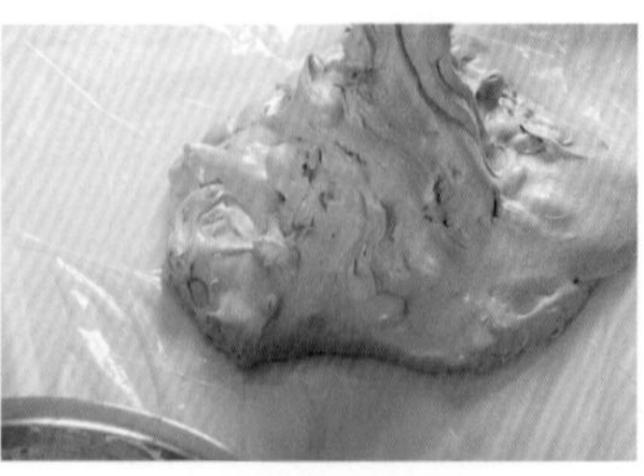
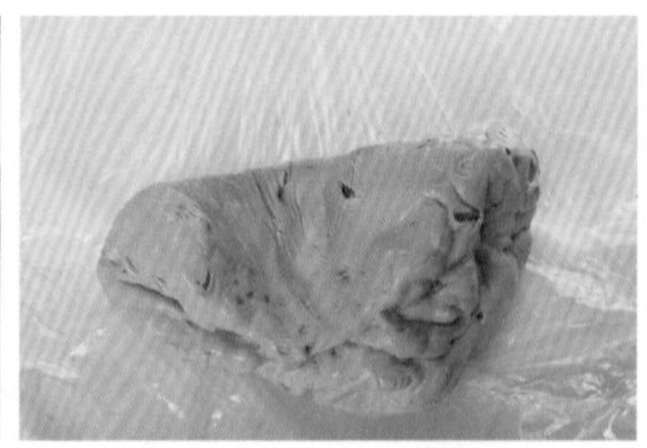

11 拌入在烤箱中低溫保存的杏仁豆。

12 備 2 斤的塑膠袋裁開當底，抹上一層植物油。再將拌好料的軟糖倒出。

13 揉壓杏仁豆和軟糖部分。以折疊的方式將杏仁豆與糖完整結合。

14 鋪平於鋪好烤焙布的烤盤內。趁著還有熱度，用雙手將牛軋糖推平於烤盤上。

15 表面再蓋上一層烤焙布，用擀麵棍重壓來回擀平。週圍邊邊也要推平。

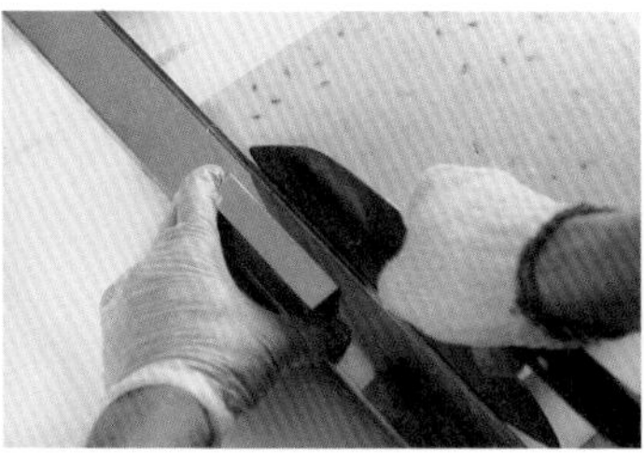

16 自然冷卻 10 分鐘，倒出平整的抹茶牛軋糖，撕開烤焙布。

17 利用切糖刀和糖尺，裁下適口的尺寸與比例。（先裁長條狀）

18 好吃的牛軋糖軟硬度，是可以摺彎立起來，其口感最好。

19 切出適口大小的牛軋糖。

20 還帶點軟度的牛軋糖，即可包裝囉。

羅爸小叮嚀

★剛開始煮糖，含水量較高，糖泡會動的很快。慢慢隨著溫度上升，糖泡的速度也會跟著變慢。

★製作牛軋糖的重要關鍵，糖漿和蛋白要同時打好，若蛋白還沒打好，糖漿的溫度已經到了，就要先關火了。

★用新鮮的蛋白來製作牛軋糖，口感和使用蛋白霜不同，且難度也多一點。用冰過的蛋白來打支撐力會更好。

香蔥奶綠牛軋餅

烘培重點

烘王烤盤
41.5×33×3.5 公分

不沾平底鍋

常溫 10 天

冷藏 30 天

事先準備

- ✔ 將蔓越梅切小塊

- ✔ 奶油隔水融化後，低溫保溫約 45 ～ 50 度左右
- ✔ 抹茶粉和奶粉都要過篩
- ✔ 煮糖用溫度計

材料

水麥芽................500g
細砂糖................150g
水.......................160g
鹽...........................2g
無鹽奶油............100g
奶粉....................150g
冰蛋白..................70g
細砂糖..................38g
杏仁果................500g
中立蔥花餅乾... 約 4 包

口味變化

蔓越梅.................40 g
抹茶粉.................10 g

煮糖漿

1 鍋內放入水麥芽、細砂糖 150g、鹽和水一起煮，需煮到 135 度左右。需注意是當糖溫上升到 118 度，要準備打蛋白。

2 奶油隔水融化後，保溫在約 45 ～ 50 度左右。

3 打蛋白，用高速將蛋白打出現細緻泡沫。加入 38g 糖繼續打發蛋白。(注意糖漿的溫度，116 度時關小火，續煮加溫)

4 續打蛋白到乾性發。取出放到大鋼盆內。

5 糖漿的溫度升高到 135 時，將鍋子拿起來搖一搖，準備要沖蛋白了。（沖糖漿的速度不可以太快，以免蛋白消泡）

6 蛋白鍋底下，最好墊個止滑墊。然後一手手持打蛋白，一手將糖漿慢慢加入蛋白鍋內。

7 以高速讓糖漿與蛋白整個吸收結合，再將打蛋器取出。準備刮鋼。

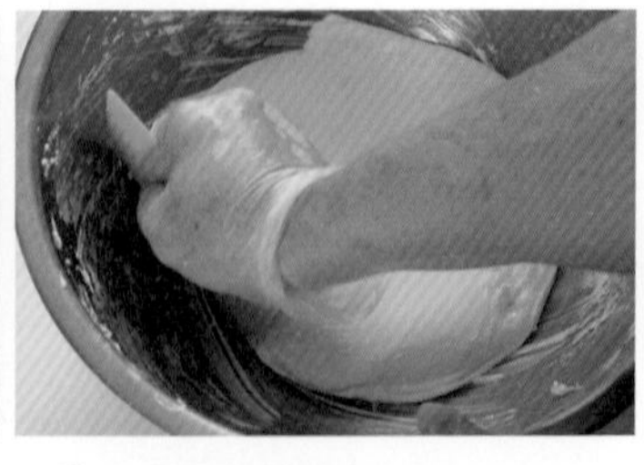

8 鍋邊可用噴火槍稍微加熱一下，讓糖稍微軟化比較好取下來。(這樣可以減少耗損）再用刮板將四周的軟糖刮下來。

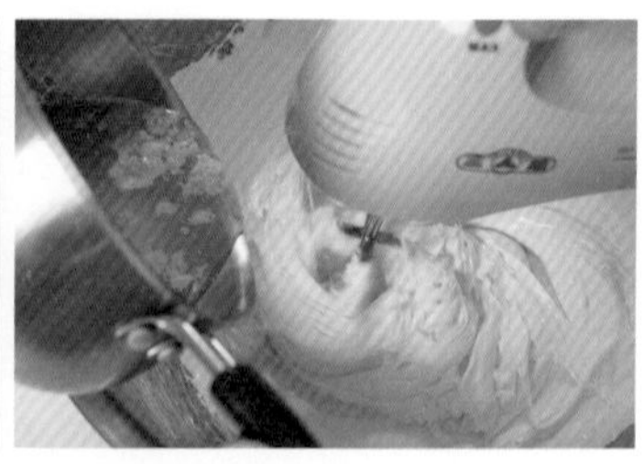

9 接著一邊打，一邊加入保溫約 50 度的奶油液體，混合吸收。即可把打蛋器挪開。(記得打蛋器要立即泡熱水)

10 加入過篩的奶粉(先做原味)。用攪拌刮刀拌勻，記得四周的軟糖也要再刮下來，拌勻。將糖分成三等分。

11 取出 1/3，拌入過篩的綠茶粉。

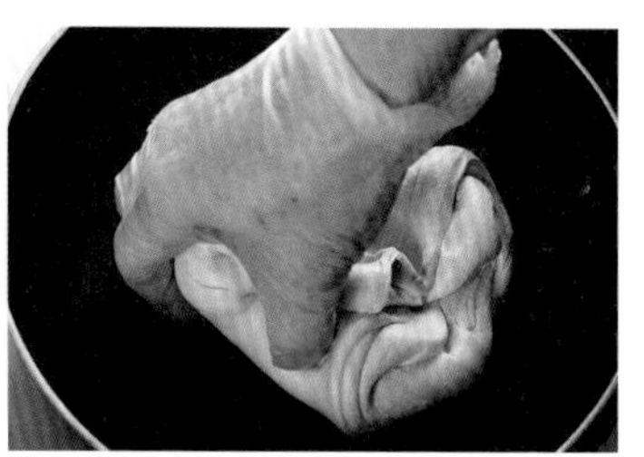

12 在不沾鍋上將綠茶粉拌勻。

13 一共製作出原味、綠茶和蔓越莓三種口味。

14 各取一小丸，分量約 30~35g 搓成圓形，放在餅乾上。

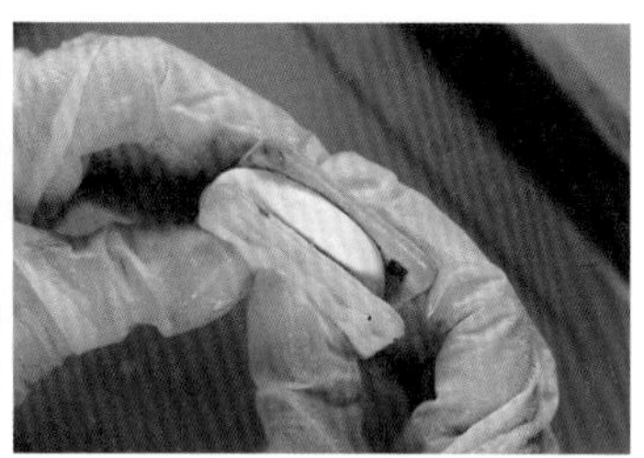

15 蓋上另一片餅乾，稍微壓扁，讓牛軋糖看起來很飽滿，即可裝袋包裝。

羅爸小叮嚀

★奶油隔水融化後，要以溫水將奶油保溫在 50 度左右，有助於和糖混合時好操作。

★製作牛軋糖的重要關鍵，糖漿和蛋白要同時打好，若蛋白還沒打好，糖漿的溫度已經到了，就要先關火了。所以打蛋白時要邊注意糖漿的溫度。

黑芝麻花生糖

烘培重點

2.5 斤的小糖盤

平底鍋

常溫 20 天

事先準備

- 黑芝麻和花生可先混合，用烤箱中的上下火 100 度保溫或用平底鍋炒到微微溫熱，加點芝麻粉，亦可增加風味。重點，芝麻需保溫。

- 20g 玉米粉和水先調和
- 烤盤要先鋪上烤焙布

材料

水麥芽 (86%)......380g
熟黑芝麻............600g
細砂糖 190g
鹽 4g
水 60g
無鹽奶油..............60g
花生....................150g
芝麻粉 100g
水 25g
玉米粉 20g

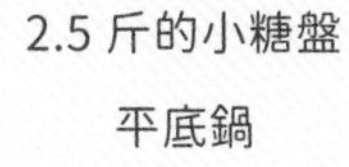

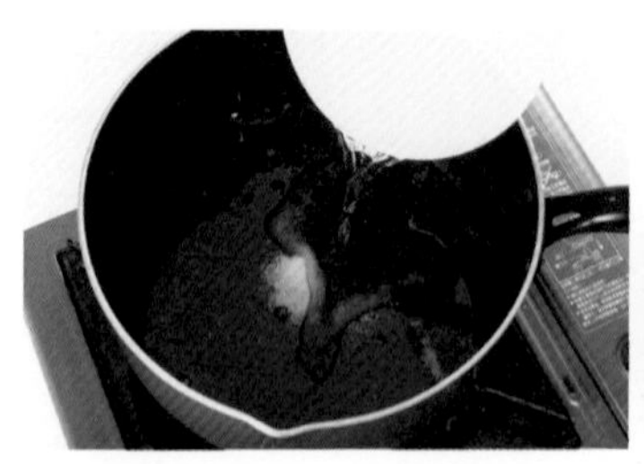

1 鍋內先放入水麥芽，再依序加入鹽、砂糖和水，開小火不用攪，慢慢煮。

2 利用溫度計，控制溫度將糖漿煮到 115 度～ 118 度。

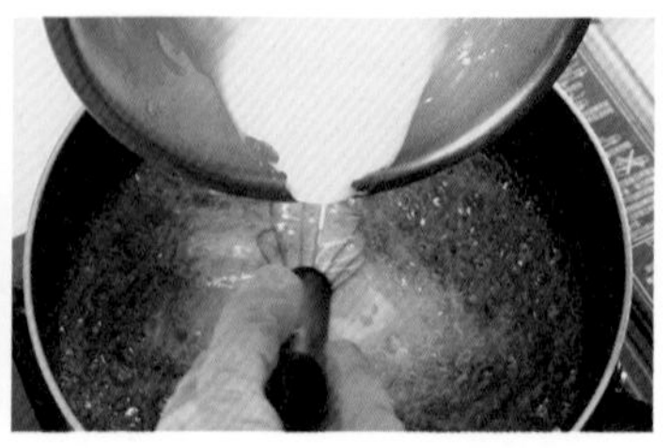

3 在溫度到達 115 度時，倒入事先調好的玉米水，攪勻。

4 再加入奶油續煮至 118 度。將火關掉。

5 煮好的麥芽糖漿直接倒入保溫中的黑芝麻花生中。

6 趁著糖的熱度與軟度，快速翻拌讓芝麻與花生都能巴在麥芽糖上。

7 將拌好的芝麻糖倒入鋪好烤焙紙的烤盤上。再蓋上一片烤焙布，先用手將芝麻糖推壓平至四個角落。

8 再用擀麵棍來回擀壓，將黑芝麻糖擀平。

9 完全平整。

10 利用切糖刀和糖尺的輔助下切出適口大小的黑芝麻糖。

羅爸小叮嚀

★製作過程中，芝麻都要持續保溫會比較好操作。

★一般的水麥芽硬度只有 75% 較液態狀好操作，但會煮比較久。選用 85% 的麥芽則較固態狀，可稍縮短操作時間。

杏仁脆片花生糖

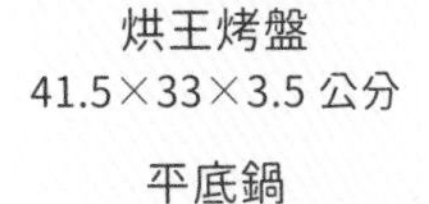

烘王烤盤
41.5×33×3.5 公分

平底鍋

常溫 20 天

- 杏仁片以烤箱上下火 130 度烤 13 ～ 15 分

- 烤盤要先鋪上烘焙紙

材料

水麥芽 (86%)......300g
生花生..............1500g
杏仁片..................60g
白芝麻..................30g
細砂糖..................96g
海鹽........................4g
沙拉油.....280 ～ 300g

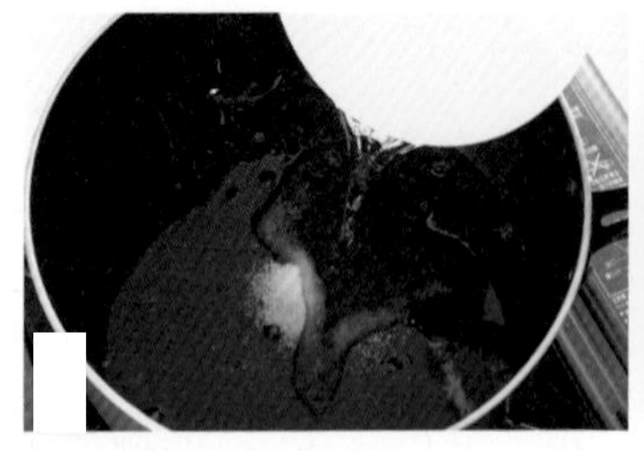

1 鍋內先倒入沙拉油。主要是為了要炒熟花生。其油量需要能蓋過花生。

2 依序加入細砂糖、水麥芽和海鹽拌匀。

3 倒入花生拌炒，直到花生熟成，大約翻炒 20 分鐘，糖會巴黏在花生上。

4 花生熟成，會產生油水分離，再倒杏仁片和白芝麻繼續翻抄。

5 炒到會看到糖絲，花生微裂開即可。(注意火不要太大，否則容易焦掉)

6 濾掉多餘的油分。

7 將花生倒到鋪好烘焙紙的烤盤上，壓平並讓花生顆顆相黏。

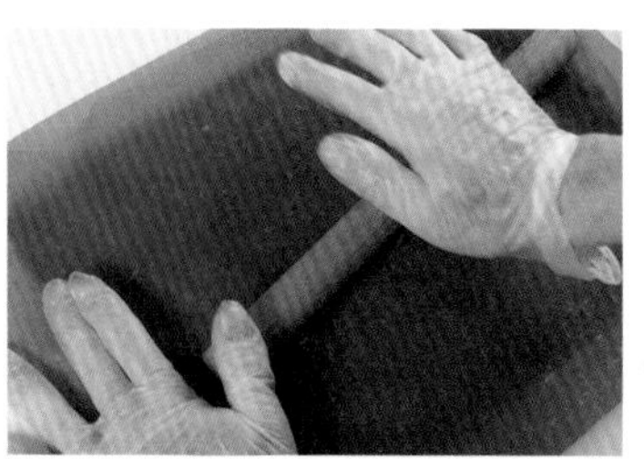

8 蓋上烤焙布，用擀麵棍再度均勻擀平。

9 用切糖刀將花生糖切出整整齊齊的形狀，有助於提升賣相哦。

羅爸小叮嚀

★炒花生的火候要特別注意，不要開太大，在花生熟成的階段會產生油水分離。炒的時候要小心高溫。

10 完成口口香脆又不油膩的杏仁花生芝麻糖。

可愛鯛魚燒

烘培重點

鯛魚燒烤盤
或平底鍋

常溫 10 天

密封盒冷藏可
保存長時間

羅爸小叮嚀

★提供二款鯛魚燒配方：

配方一：以分蛋法製作，其口感較爲蓬鬆。

配方二：以全蛋法製作，材料中的泡打粉會讓口感更紮實。

喜歡哪一款，都可以試試看。中間部分也可以塡充自己喜歡的內餡哦！

材料

[配方一]

蛋黃	4顆	沙拉油	20g
細砂糖	20g	牛奶	60g
玉米粉	32g	低筋麵粉	90g
蛋白	140g	鹽	2g
細砂糖	70g		

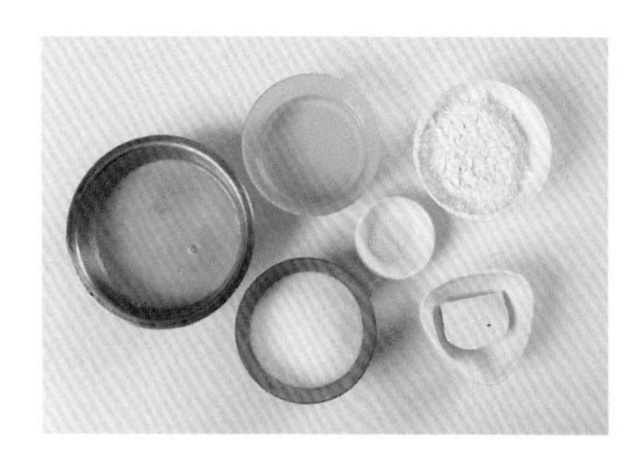

[配方二]

全蛋	3顆 (150g)	低筋麵粉	160g
細砂糖	80g	泡打粉	4g
沙拉油	28g	鹽	2g
牛奶	90g		

配方一　製作蛋黃糊

1 蛋黃加糖 20g 打到變淡黃色，再慢慢加入沙拉油打勻，蛋黃看起來會微微發亮。

2 接著依序加入牛奶、過篩的低筋麵粉和玉米粉打勻。（記得中間要刮鋼）

配方一　製作蛋白

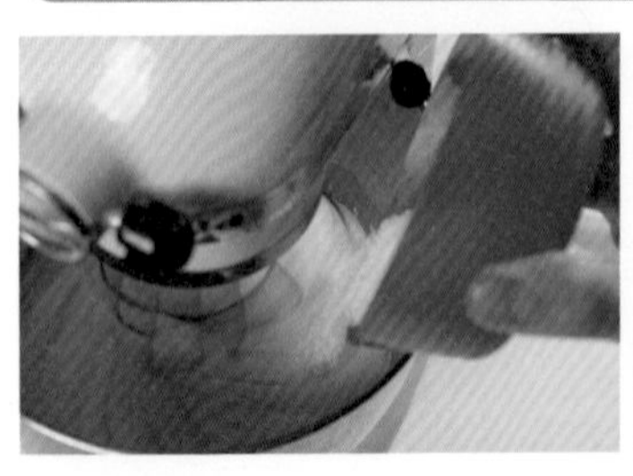

3 利用機器將蛋白打至粗泡，白砂糖 70g 分二次加。

4 蛋白打到乾性發 (出現直鈎)。

5 取 1/3 蛋白到蛋黃糊內拌勻。

6 再回倒回蛋白糊內，拌勻到看不見蛋白。（以切拌輕柔的方式，以免消泡）

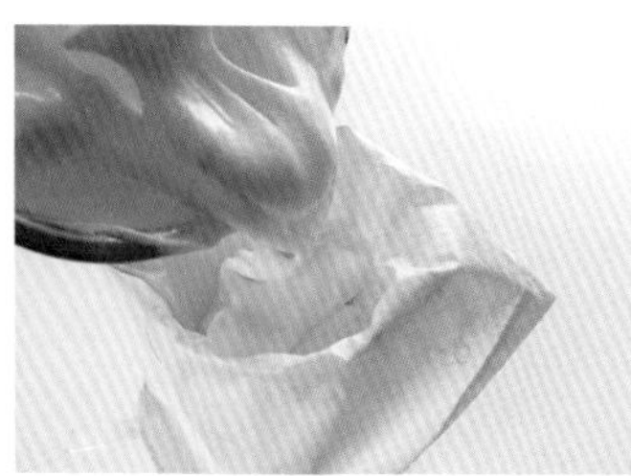

7 將麵糊分裝至擠花袋中。

8 烤盤預熱到 150 度。轉小小火。

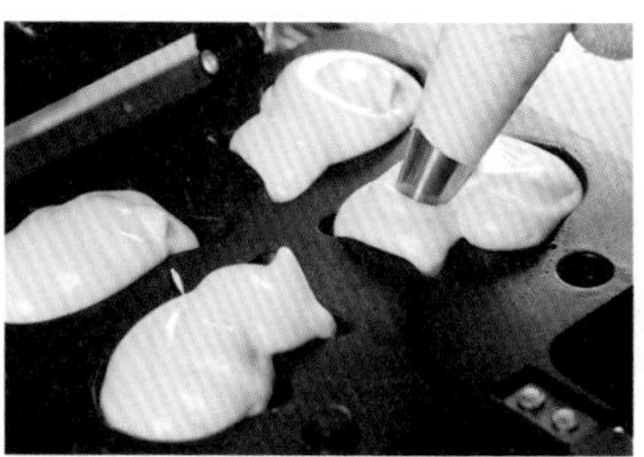

9 烤盤內抹上奶油，再擠上麵糊。

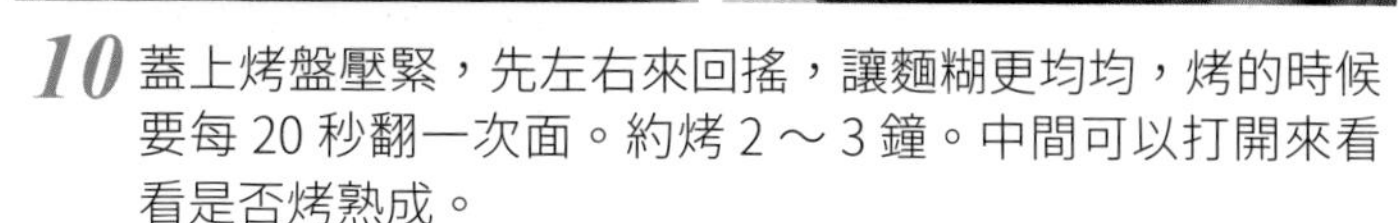

10 蓋上烤盤壓緊，先左右來回搖，讓麵糊更均均，烤的時候要每 20 秒翻一次面。約烤 2～3 鐘。中間可以打開來看看是否烤熟成。

羅爸小叮嚀

★鯛魚燒跟雞蛋糕很像，都深受小朋友喜歡。鯛魚燒的內容也可以自己的喜好做夾層，像是放入起司，紅豆泥等都很有日式風味哦！

★火不要太大，以免外焦內不熟。

★私心的提供二種配方，供同學試看看。那種口感是自己喜歡的呢？

配方二　全蛋製作

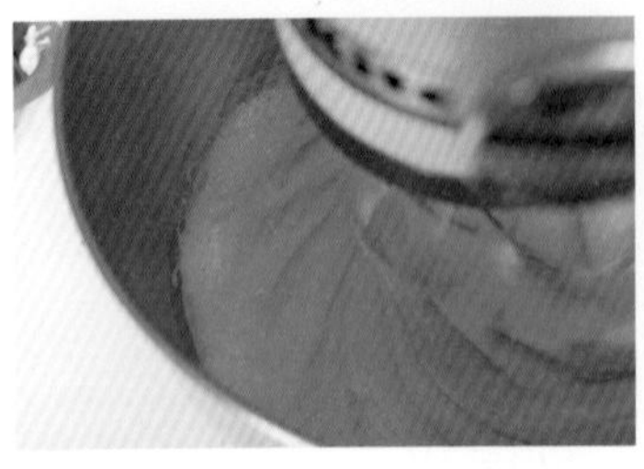

1 全蛋加糖打至出現細緻的泡沫。

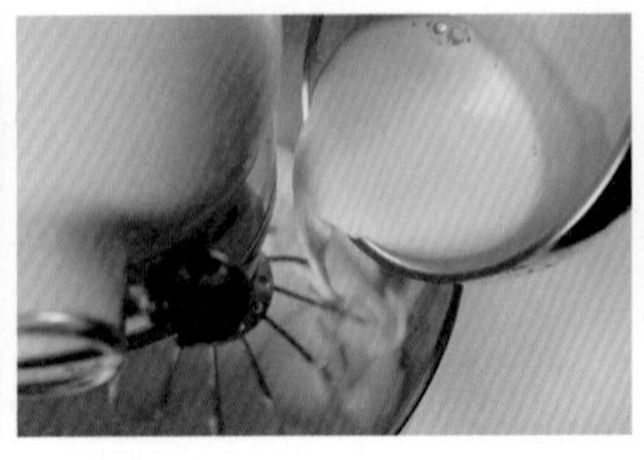

2 加入沙拉油先打到吸收後，再依序加入牛奶攪拌勻。

3 低筋麵粉和泡打粉過篩倒入，再一起打發到蛋黃糊可以寫 8 字。

4 裝入分裝壺，需靜置 30 分鐘。

5 填裝至刷了奶油的模具內。

6 用小小火烤，壓蓋時要左右晃動再烤，每 20 秒要翻一次面。烤約 2～3 分鐘，中間可以打開來稍微看一下。可愛的蓬蓬鯛魚燒，完成。

可愛的鯛魚燒
完成。

CLASSIC PASTRY

PART 4

節慶必搶的
傳統中式糕餅

中國人一向愛熱鬧，愛送禮。

節慶一到伴手禮是絕對少不了，

名店中排隊的月皇酥、咖哩酥、必買的芝麻蛋黃大餅、

皇帝酥，還有只有特定節日才能預定的菠蘿蛋黃酥，

全都收錄在食譜內囉！

菠蘿蛋黃酥

烘培重點

烘王烤盤
41.5×33×3.5

第一階段
上火 190°C
下火 170°C
第二階段
上火 180°C
下火 170°C

第一階段
20 分鐘
第二階段
25 分鐘

常溫 3 天
冷藏 15 天

事先準備

- 生的鹹蛋進烤箱烤約 15 分鐘後，出爐前噴上米酒可增加風味
- 烤箱預熱上火 190°C下火 170°C
- 豆沙餡先分成 10 等分，搓成圓形後放入冰箱凍一下，會更好操作
- 菠蘿皮的奶油要先回溫放軟

材料

（份量／ 10 個）

[油皮]

中筋麵粉..............90g
無水奶油..............30g
糖粉.......................5g
冰水.....................50g

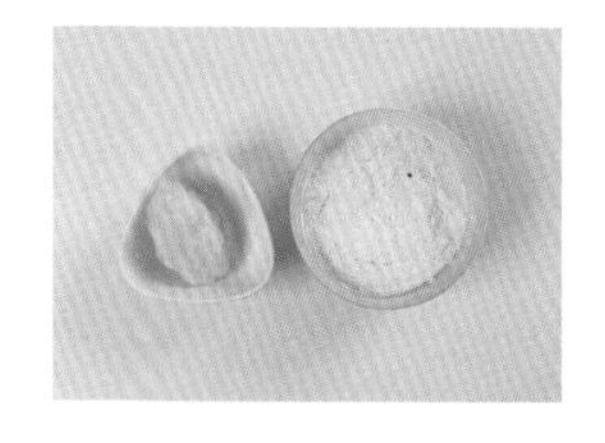

[油酥]

低筋麵粉..............90g
無水奶油..............40g

[內餡]

豆沙....................250g
鹹蛋黃 .... 10 顆

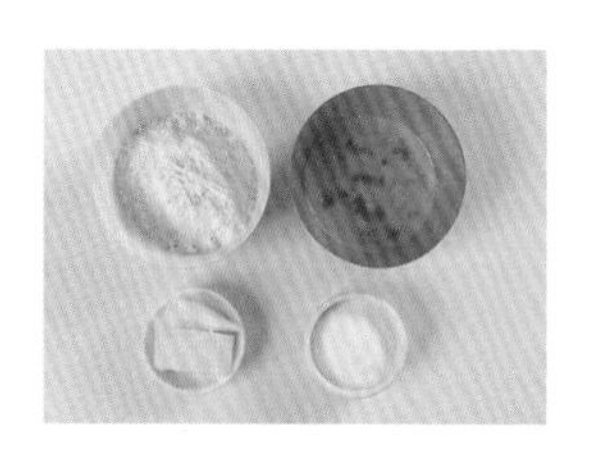

[菠蘿皮]

發酵奶油..............36g
白砂糖 36g
全蛋......................25g
高筋麵粉..............72g

製作油皮

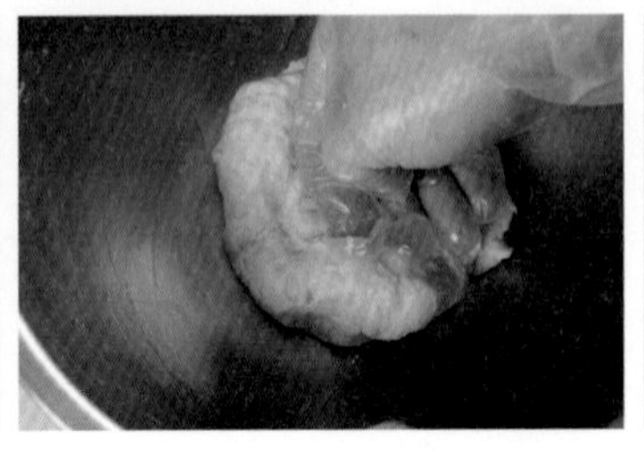

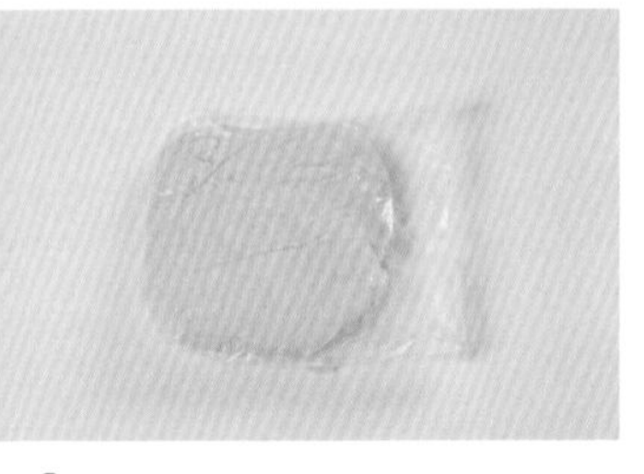

1 將中筋麵粉、奶油以及過篩的糖粉放入鋼盆中。再將冰水分次倒入，讓麵粉充分吸收。

2 將麵粉揉成糰狀。不會黏手即可。

3 利用保鮮膜或袋裝，讓麵糰休息 30 分鐘，才能延展出筋性。

製作油酥

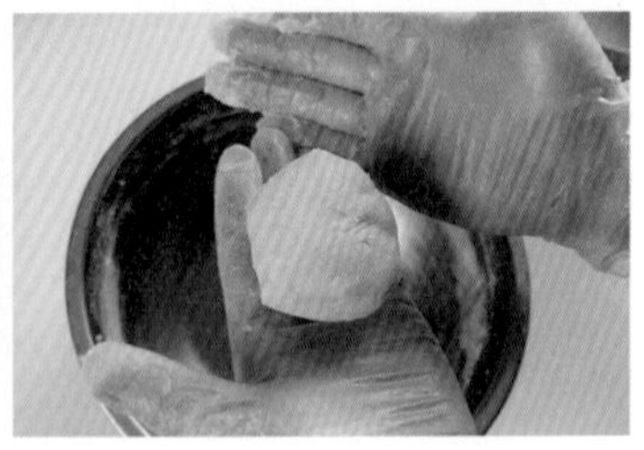

4 將過篩的低筋麵粉和奶油放入容器內拌勻捏成糰。再讓麵糰放入袋中冷藏 20 分鐘，休息一下。

製作菠蘿皮酥

5 將軟化的奶油放入鍋中，再加入糖打到略微泛白。（不要打發哦）

6 全蛋打勻，分 3～4 次加到奶油內，讓蛋液充分吸收。拌成糰。備用。

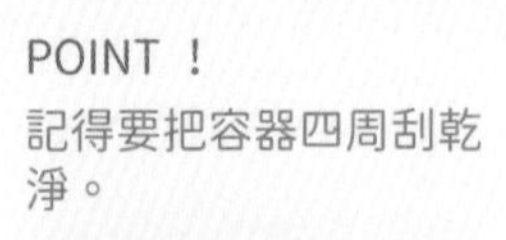

POINT ！
記得要把容器四周刮乾淨。

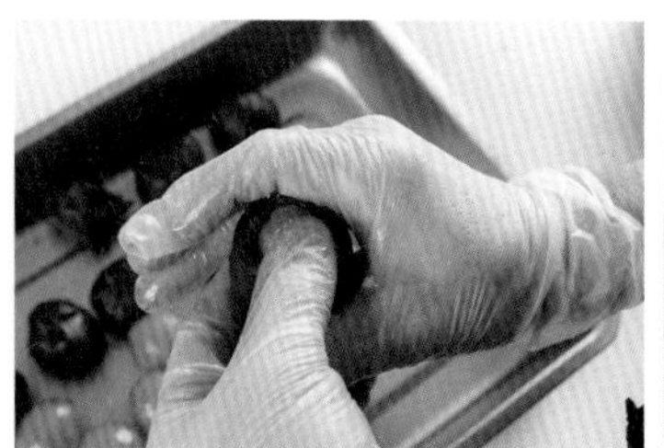

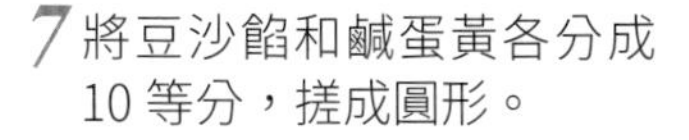

7 將豆沙餡和鹹蛋黃各分成 10 等分，搓成圓形。

8 豆沙壓扁，直接包入鹹蛋黃，為了有所區分，可以包成半球型。備用。

分割・整型

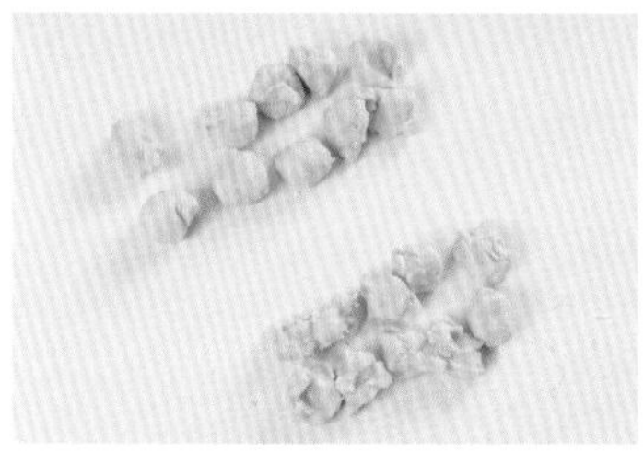

9 接著將油酥和油皮先搓成長條狀後，再各分成 10 等分。

10 油皮包油酥，油皮壓扁後將油酥包在裡面，開口要記得朝上。

11 完成 10 等分的油皮和油酥。稍微靜置 15 分鐘。

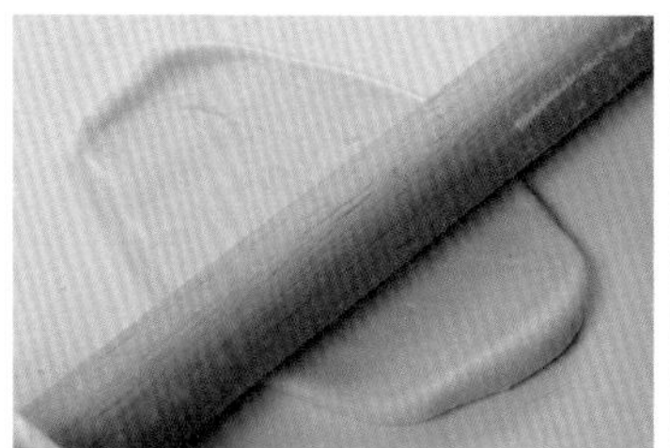

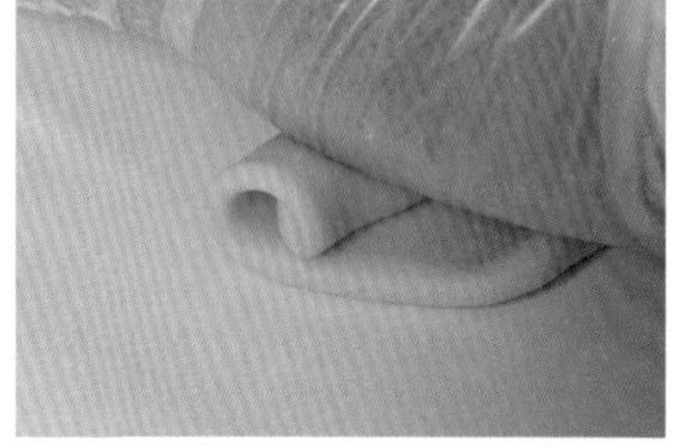

12 第一次擀捲油皮酥，將油皮酥擀成牛舌狀，再用手掌由上往下捲起。並讓麵皮鬆弛 5 ～ 10 分鐘。

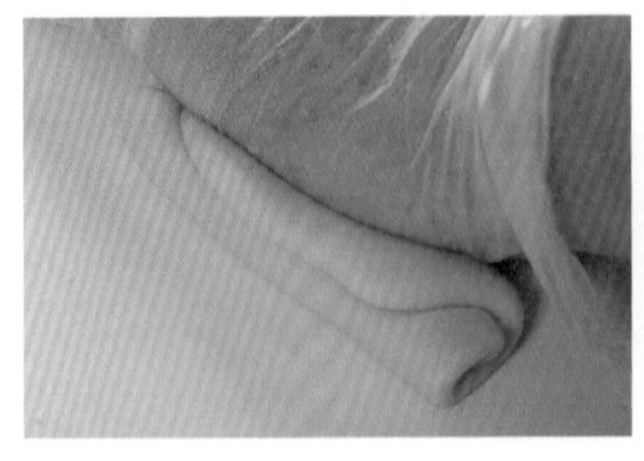
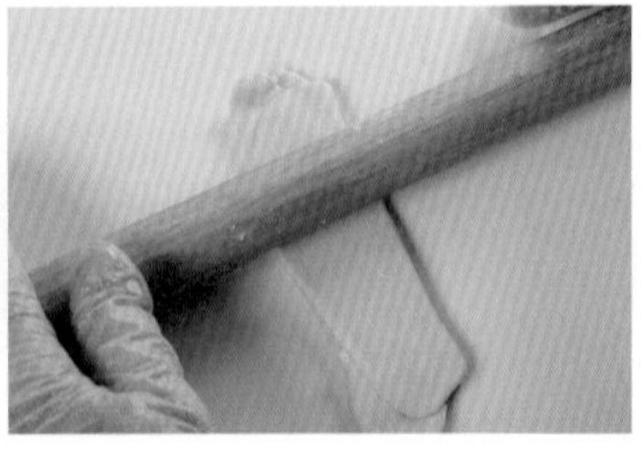
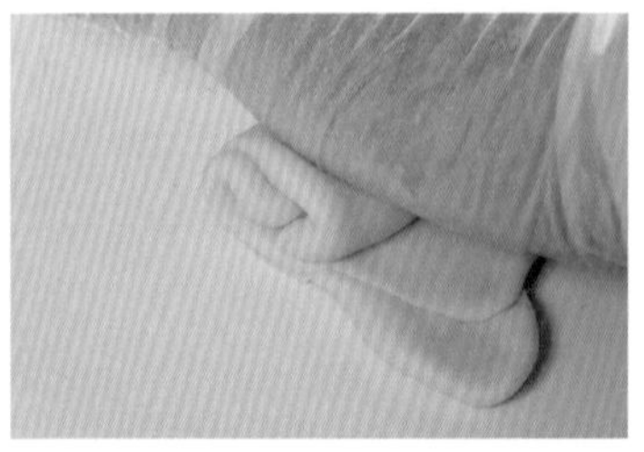

13 第二次擀捲，捲口朝上再擀成長條狀。同樣用手掌由上往下把油皮酥捲二圈半。

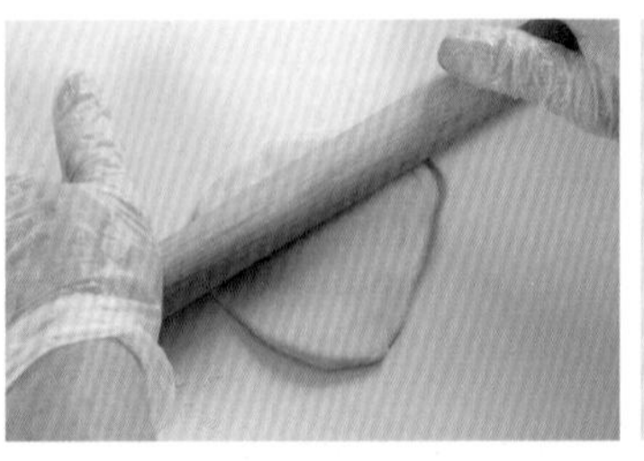

14 捲好後的油皮酥，稍微靜置 15 分。

15 將油皮酥壓扁，並擀成圓形，擀好後的麵皮也需要靜置 10 ～ 15 分鐘。

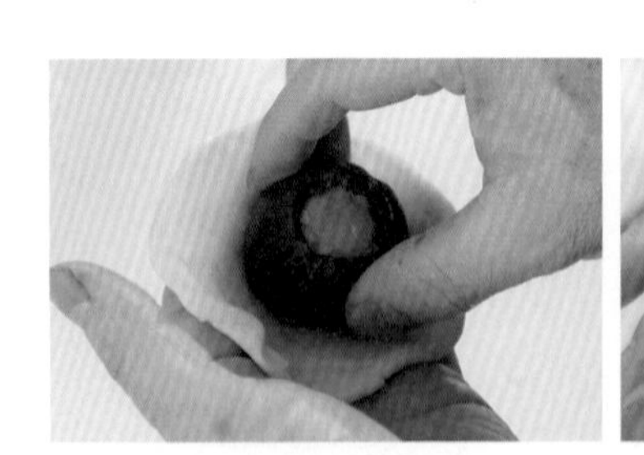
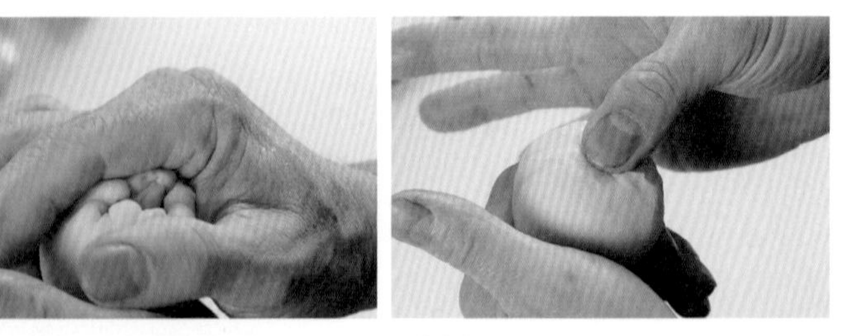

16 將油皮酥包裹豆沙蛋黃餡，利用虎口慢慢將口縮好。

17 縮口要壓一下，再塑成圓形。開口朝下，放置在烤盤上靜置。

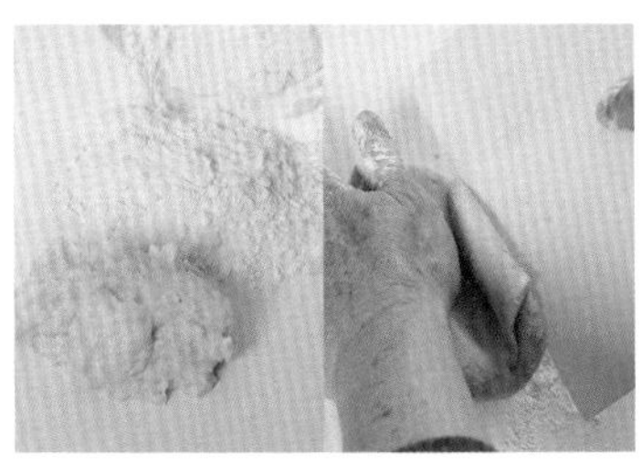

18 取步驟 6 的菠蘿皮油酥，加上高筋麵粉以手切拌的方式將製成菠蘿皮。

19 將菠蘿皮分成 10 等分。

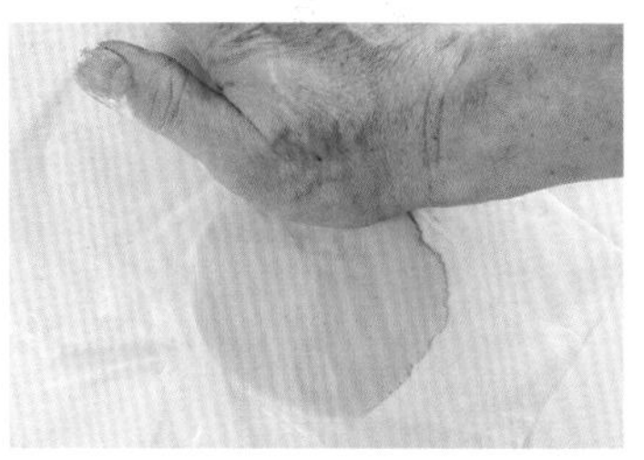

20 搓圓後壓扁。

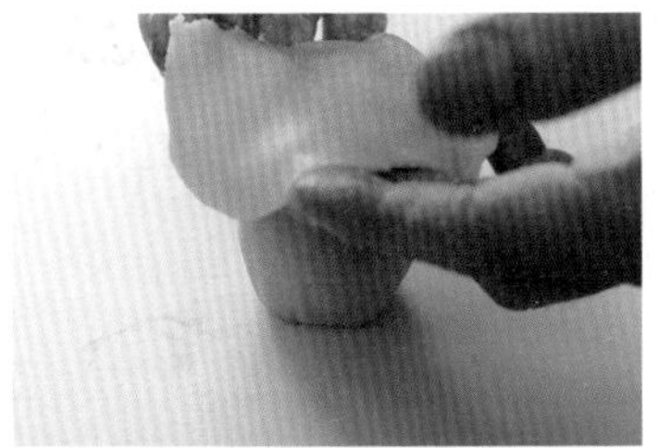

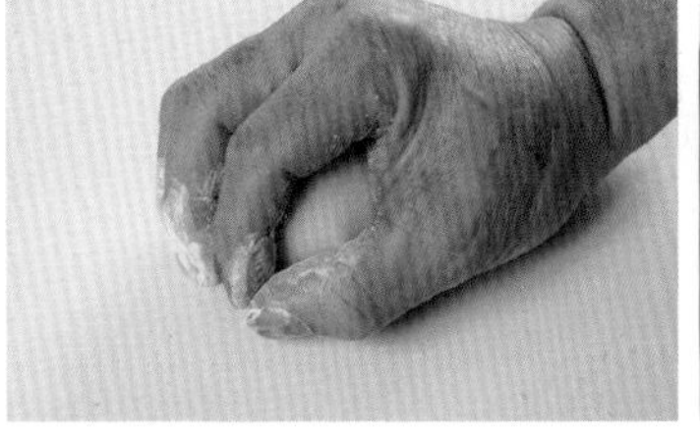

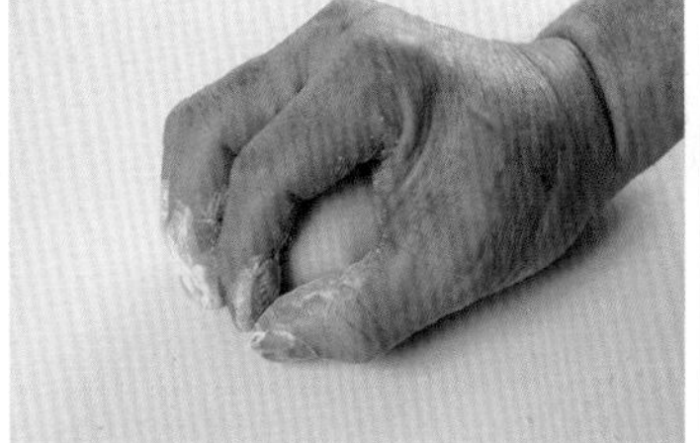

21 直接將菠蘿皮蓋上並塑形，連同菠蘿皮一起塑成圓形。

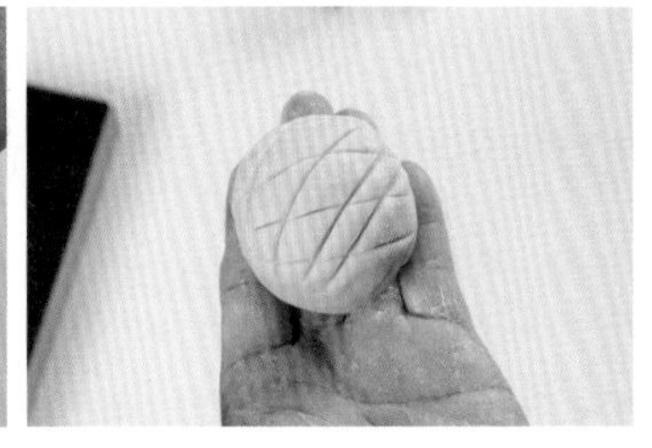

22 在菠蘿皮上畫上幾刀。

23 刷上蛋黃，即可放入預熱好的烤箱中，依烤溫約烤 45 分鐘。再關底火，悶 3 ～ 5 分鐘再出爐。

POINT ！

包餡前，若不方便帶手套，記得要噴一下酒精哦。

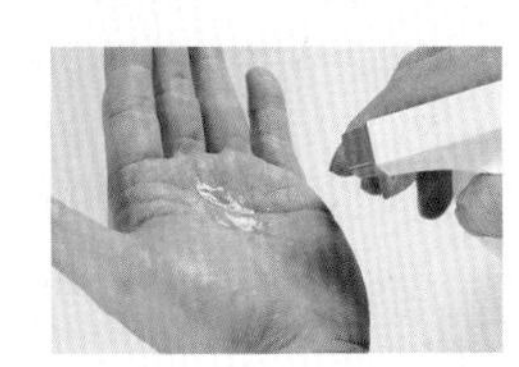

菠蘿皮不能太乾，軟度要用手指一壓就可以。

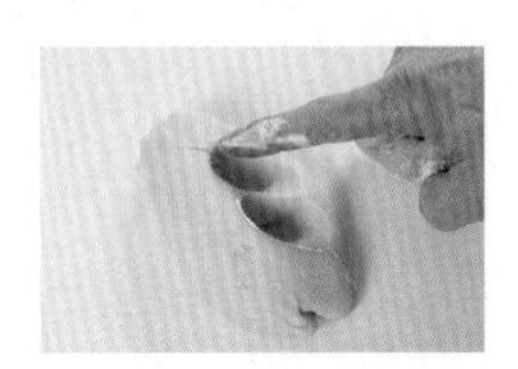

月皇酥

烘培重點

烘王烤盤
41.5×33×3.5 公分

上火 210°C
下火 190°C

21 分鐘

常溫 7 天
冷藏 15 天

事先準備

- 烤盤上要先鋪上烘焙紙待用
- 內餡的熟蛋黃先用上下火 150°C烤 15 分鐘
- 低筋麵粉和糖粉均需過篩

材料

（份量／ 12 顆）

[油皮]

中筋麵粉............130g
糖粉......................25g
無水奶油..............42g
水.........................65g

[油酥]

低筋麵粉............110g
無水奶油..............45g

[內餡]

綠豆沙 340g
熟蛋黃 80g

[裝飾]

黃豆粉

製作油皮

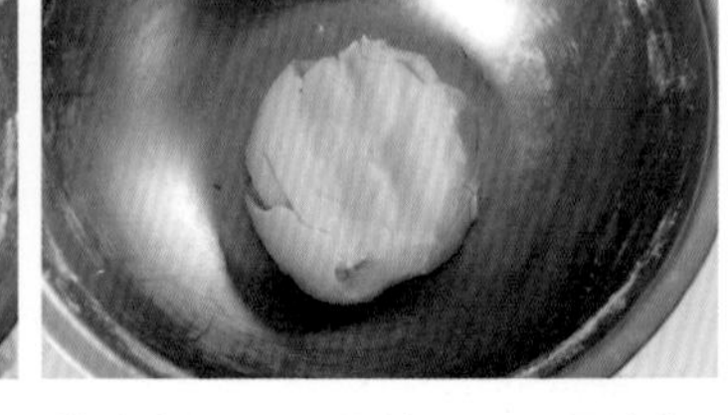

1 將糖粉過篩連同中筋麵粉及無水奶油一起倒入容器內混合，再倒人 2/3 的冰水攪打成糰。(需留 1/3 調麵皮的軟硬度。)

2 揉到 3 光取出麵糰，可放入袋中靜置 30 分鐘。(記得邊打要邊刮鋼的周圍)

製作油酥

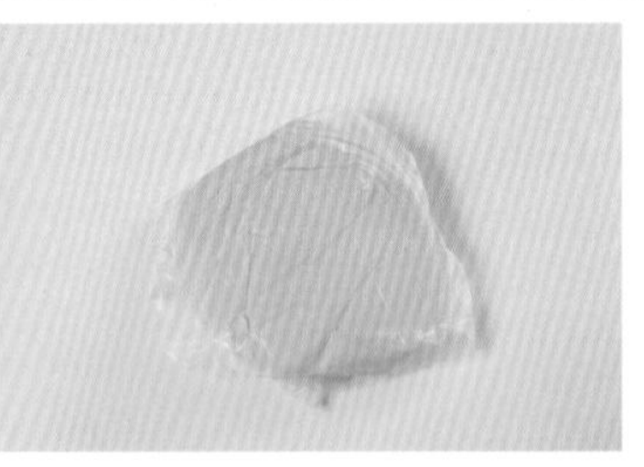

3 低筋麵粉過篩加入無水奶油一起拌成糰。

4 連同油皮一起靜置 30 分鐘。

分割・整型

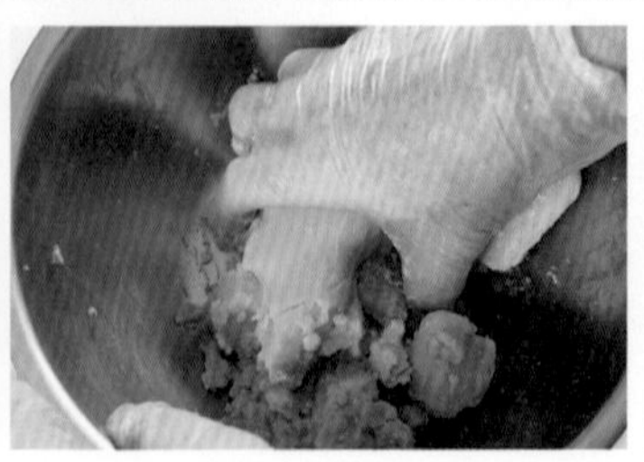

5 將內餡熟蛋黃搗碎。

6 加入白豆沙均勻混合。並將蛋黃豆沙餡均分成 12 等分。

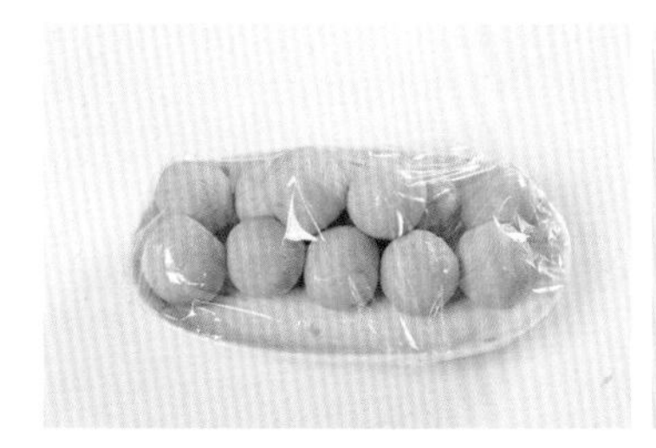

7 揉成球狀並用保鮮膜包起來後放冷凍冰 30 分鐘。

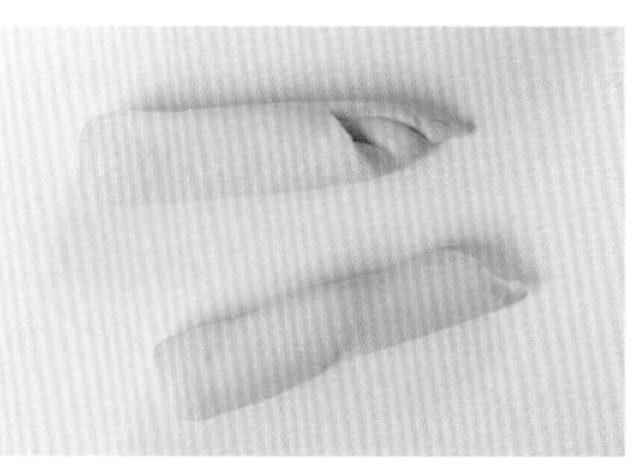

8 油皮先壓揉成長條狀。

9 再均分油皮和油酥各 12 等分。(油 皮 約 21g；油 酥 12g)

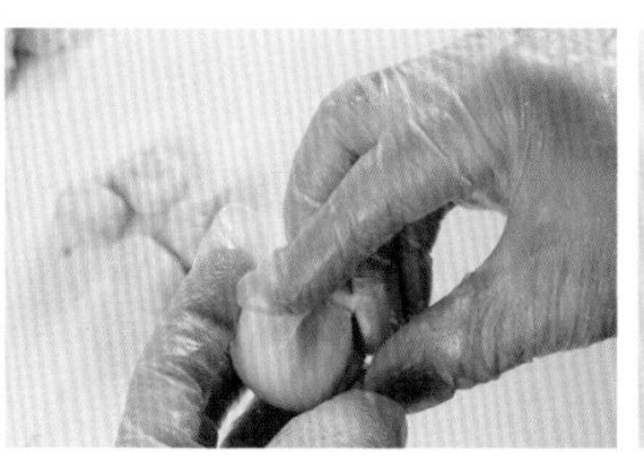

10 將油酥包在油皮內。先對摺再包起來。

11 包好的油酥皮整圓收口。

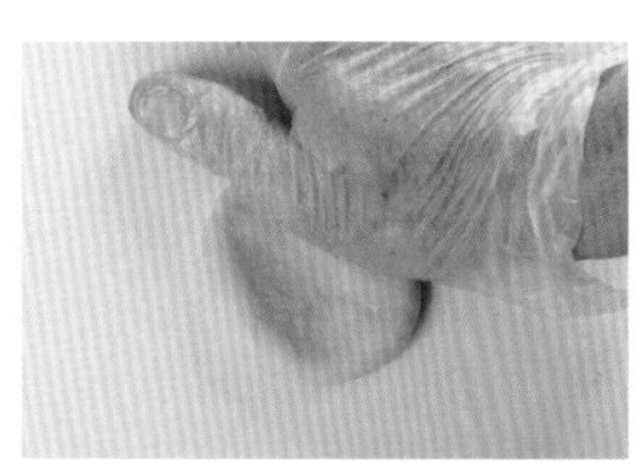

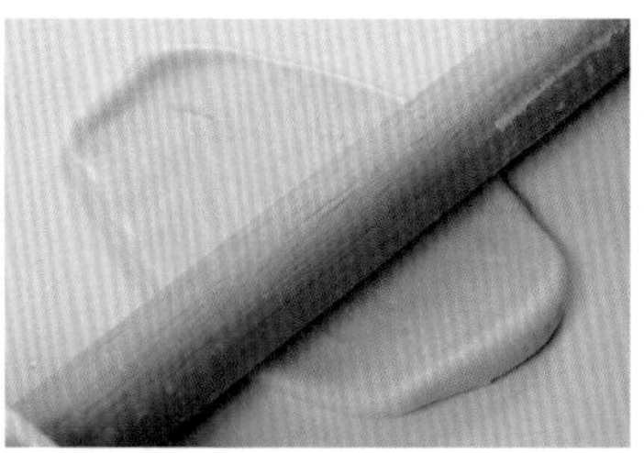

12 第一次擀捲，沾點手粉，輕壓酥皮，使用擀麵棍從酥皮中間壓下，再從中間往上再往下擀平。

羅爸小叮嚀

★不要來回擀開，油酥才不容易外漏。

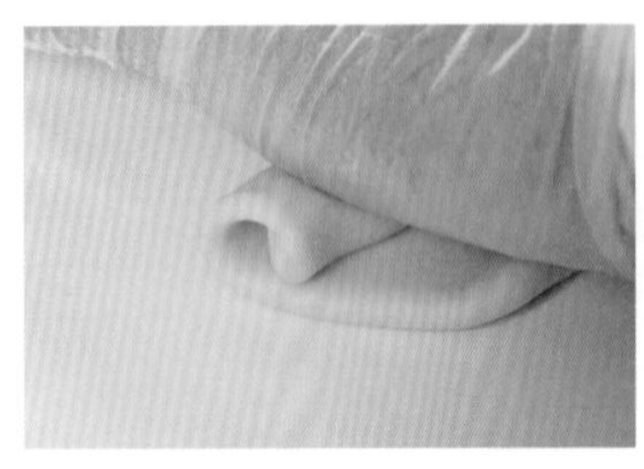
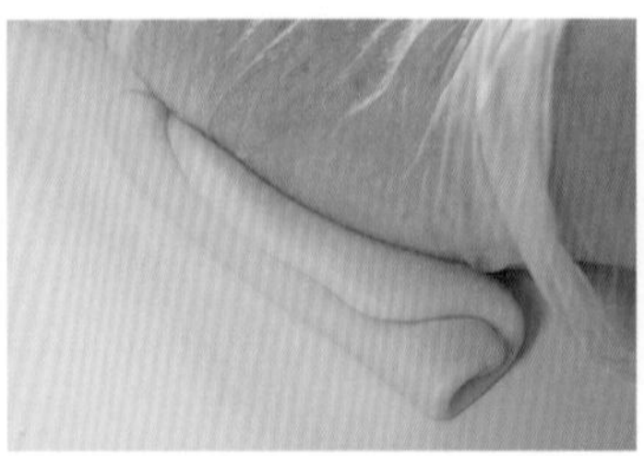

13 由上往下將麵皮捲起，開口朝上，讓麵皮鬆弛 5～10 分。

14 第二次擀捲，先用手壓平酥皮，再用擀麵棍從中間輕輕壓，分別由上再往下將酥皮擀長條狀。

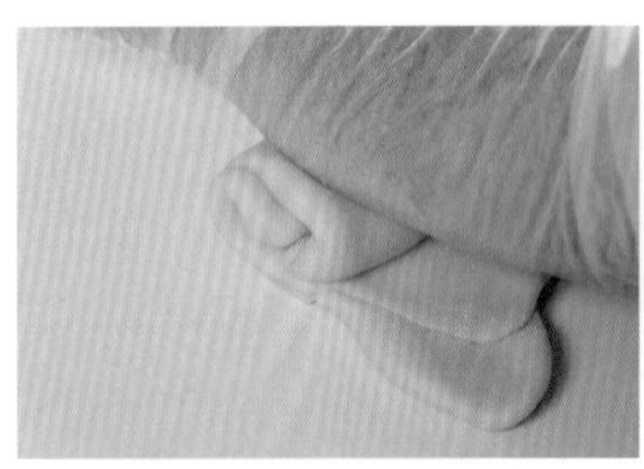

15 由上往下捲起二圈半的油酥皮。

16 捲好後，蓋起來讓麵皮鬆弛 5～10 分。

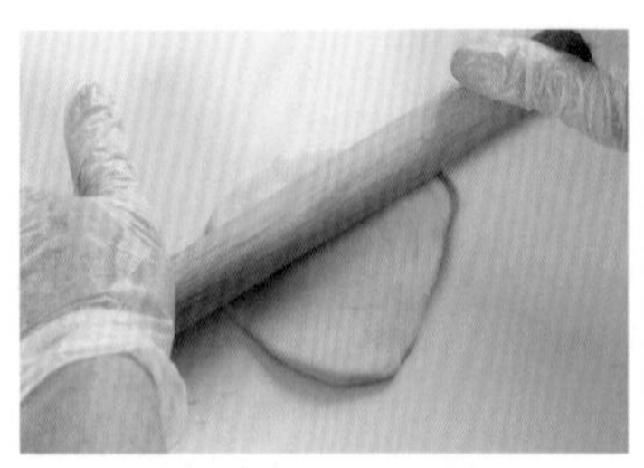
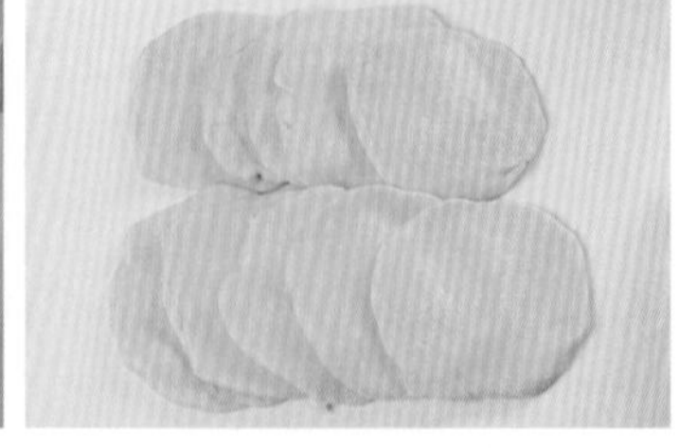

17 將鬆弛好的油酥皮，由中間輕壓，由內往外擀平。一次擀好 12 等分的油酥皮。

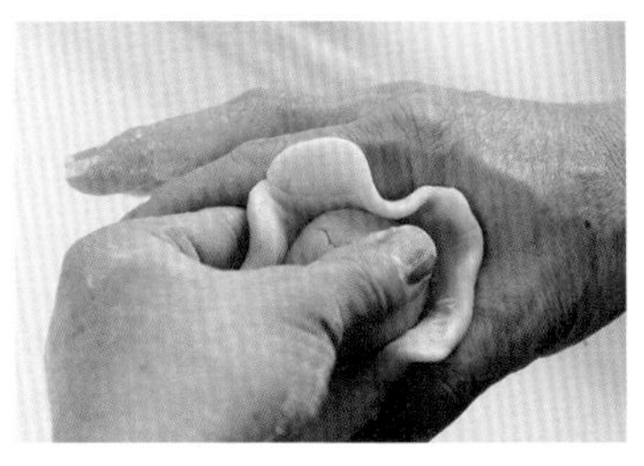
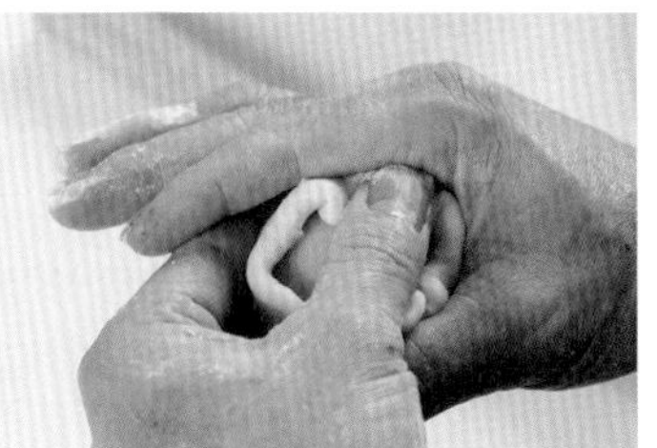
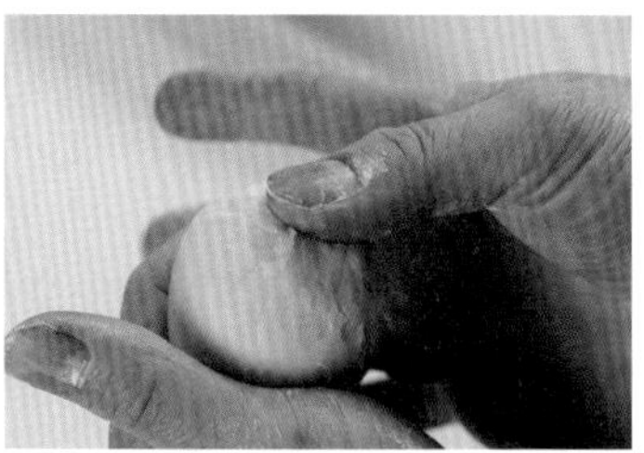

18 取蛋黃豆沙餡，放在油皮上，用大拇指虎口慢慢將收口捏至完全密合，收尾端要輕壓。

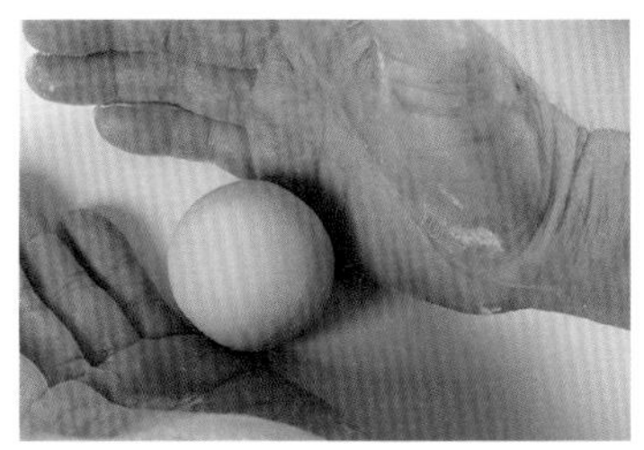

19 包好餡料的麵糰塑成球狀。

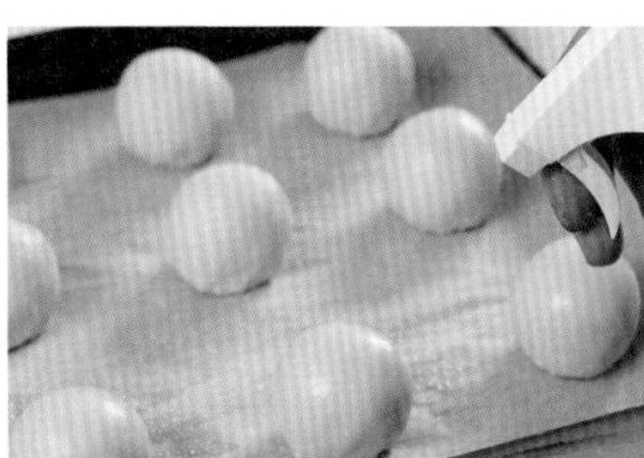

20 整齊排列在烤盤上，表皮先噴一下水。

21 黃豆粉利用篩網篩在表面上。(厚厚一層)

22 灑好黃豆粉的月皇酥放入預熱好的烤箱內烤 21 分鐘。

23 月皇酥出爐。

咖哩酥

烘培重點

烘王烤盤
41.5×33×3.5 公分

第一階段
上火 170°C
下火 230°C
第二階段
上火 180°C
下火 180°C

第一階段
13 分鐘
翻面
第二階段
10 分鐘

常溫 7 天
冷藏 15 天

事先準備

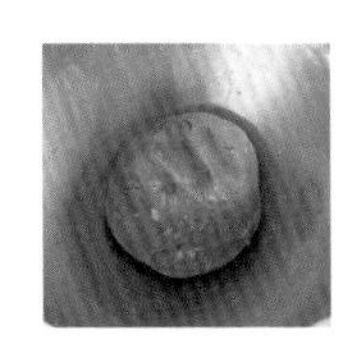

- 將咖哩內餡的材料先充分拌勻備用
- 烤箱預熱好上火 170°C、下火 230°C
- 低筋麵粉需過篩

材料

（份量／ 15 顆）

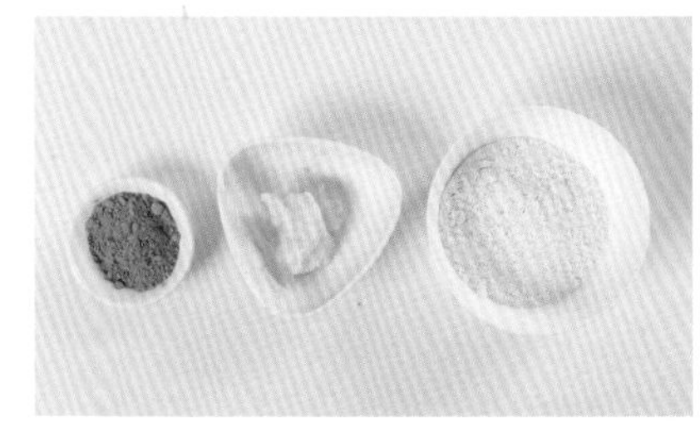

[油皮]

中筋麵粉............150g
糖粉......................28g
無水奶油...............55g
冰水......................75g

[油酥]

低筋麵粉............144g
咖哩粉....................6 g
無水奶油..............78g

[內餡]

咖哩豆沙............570g
醬油.....................少許
芝麻.....................少許
油蔥酥.................少許

製作油皮

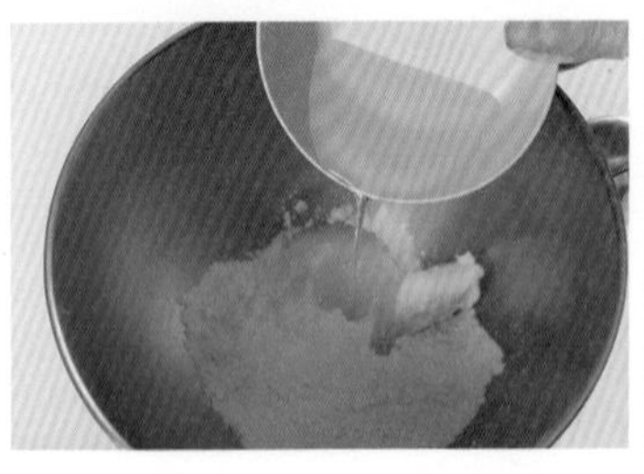

1 將糖粉過篩連同中筋麵粉及無水奶油一起倒入容器內。以低速攪打混合，再倒人 2/3 的冰水攪打成糰。(需留 1/3 調麵皮的軟硬度。)

2 麵糰取出，先置 30 分鐘。

製作油酥

3 將低筋麵粉過篩加入咖哩粉和無水奶油一起打成糰。

4 連同油皮一起靜置 30 分鐘。

分割・整型

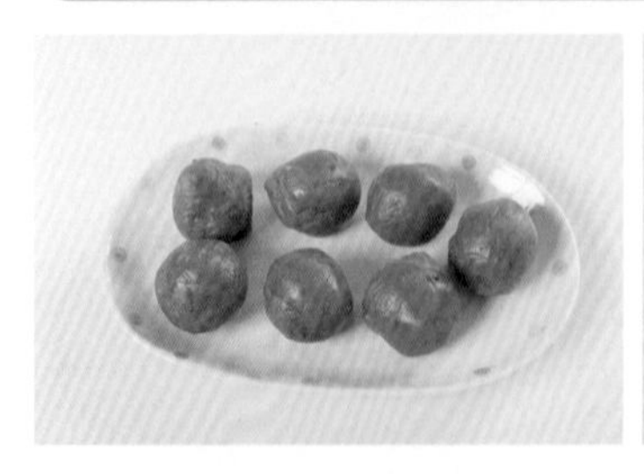

5 將內餡材料，咖哩豆沙加上醬油、芝麻與油蔥酥調味後，分成 15 等分。(每顆約 38g)

6 均分油皮和油酥 15 等分。(油皮約 20g；油酥 15g)

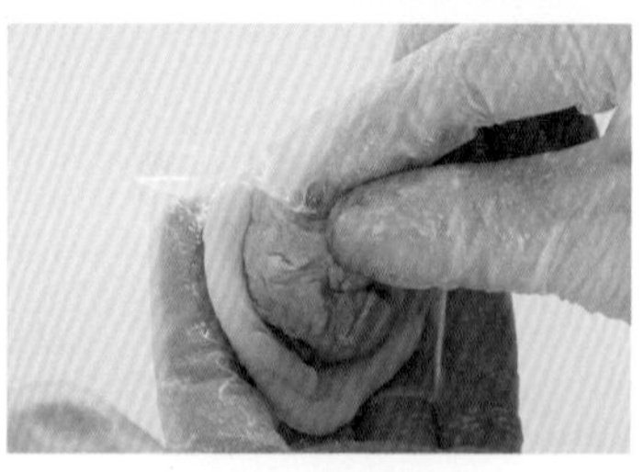

7 將油酥包在油皮內。先對摺再包起來。

8 包好的油酥皮整圓收口，先靜置 5 ～ 10 分。

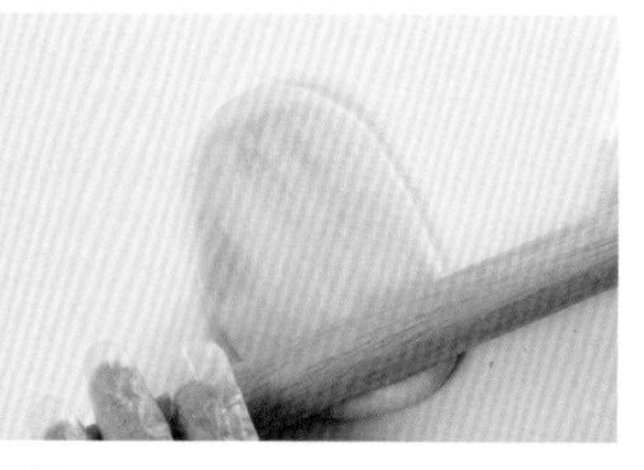

9 第一次擀捲，沾點手粉，輕壓酥皮，使用擀麵棍從酥皮中間壓下，再從中間往上再往下擀平。

POINT！
不要來回擀開，油酥才不容易外漏。且動作不要太大。

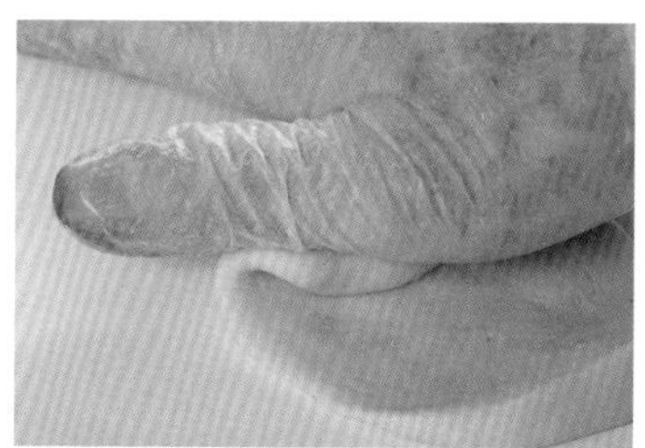

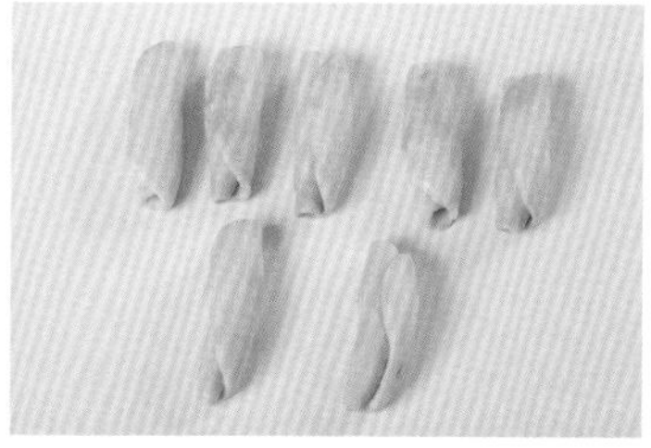

10 由上往下捲起麵皮，開口朝上，讓麵皮鬆弛 5 ～ 10 分。

11 第二次擀捲，先用手壓平酥皮，再用擀麵棍從中間輕輕壓下分上下將酥皮擀長條狀。

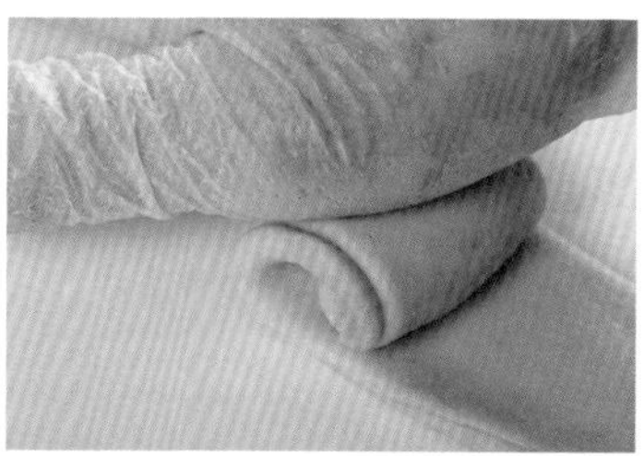

12 由上往下捲起二圈半的油酥皮。

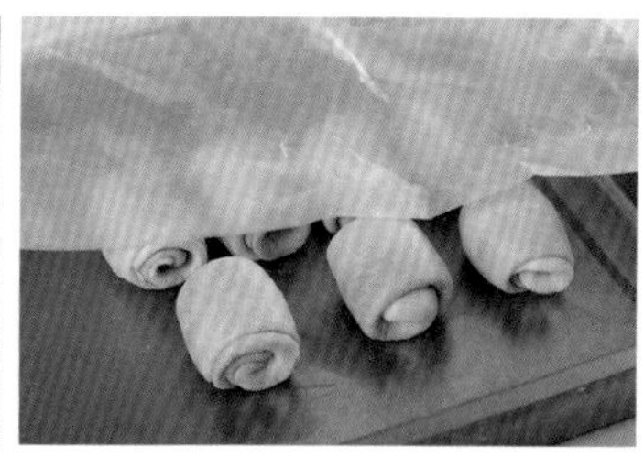

13 捲好後，蓋起來讓麵皮鬆弛 5 ～ 10 分。

14 再由中間輕壓，稍微擀平。

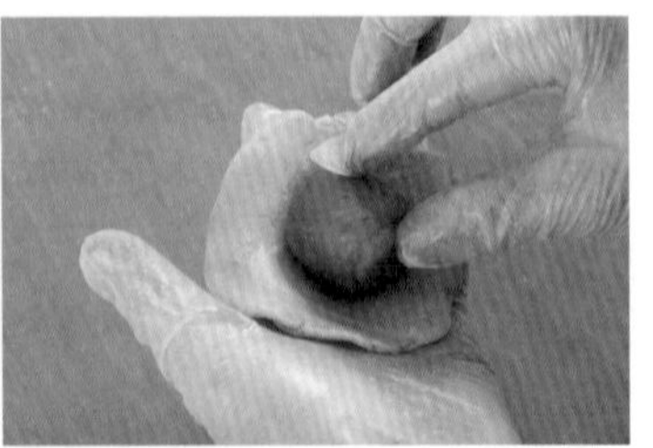

15 取均分好的咖哩內餡，放在油皮上。

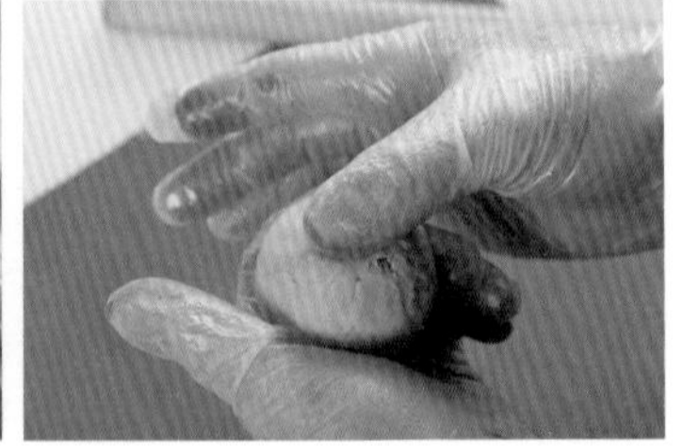

16 用大拇指虎口，慢慢將收口捏至完全密合，收尾端要輕壓。

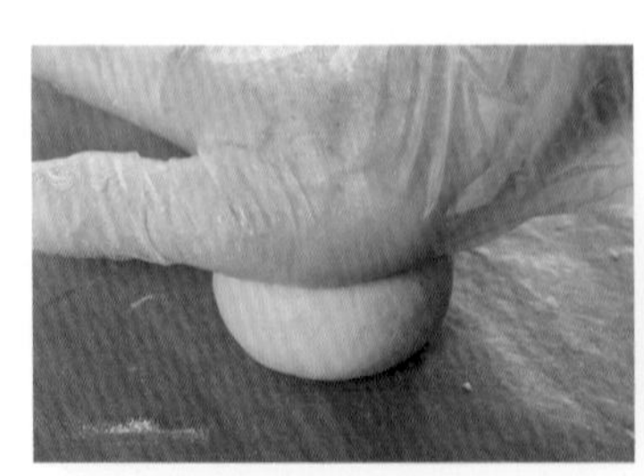

17 包好餡料的咖哩餅。漂亮面朝下，以手掌均勻的力道輕輕壓平。

18 放在烤盤上，蓋上字樣稍微風乾後，翻面送入預熱好的烤箱內烤 13 ～ 15 分鐘，上色後將咖哩酥取出。

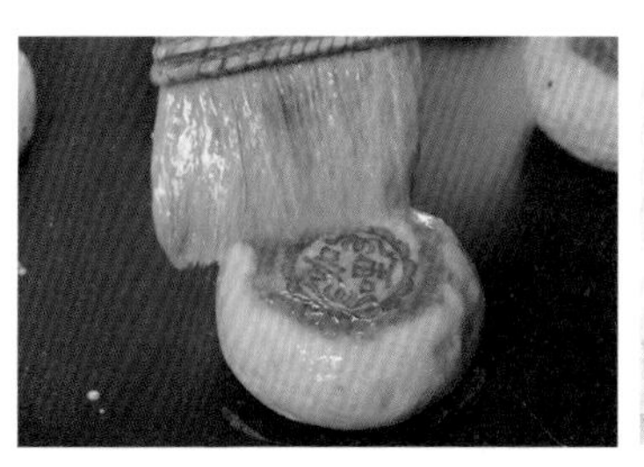

19 上色後，將咖哩餅翻面，刷上蛋黃再送入烤箱烤約 10 分鐘。

20 完成咖哩酥。

皇帝酥

烘培重點

烘王烤盤
41.5×33×3.5 公分

慕斯模
sn3219
0.8mm

上火 210°C
下火 180°C

30 分鐘

常溫 7 天

冷藏 15 天

事先準備

- 蛋黃先對半切
- 夏威夷豆以上火 100°C 下火 120°C烤 15 分

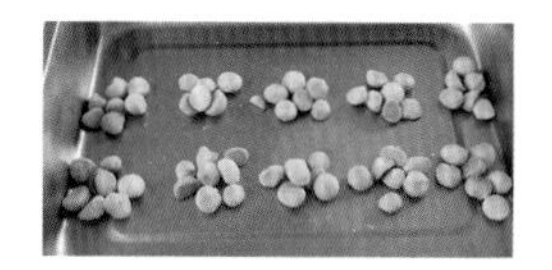

- 因爲料多，所以可以事先將材料均分出 10 等分，麻糬需搓軟

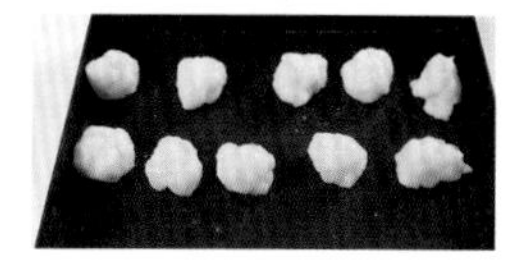

材料

（份量／ 10 顆）

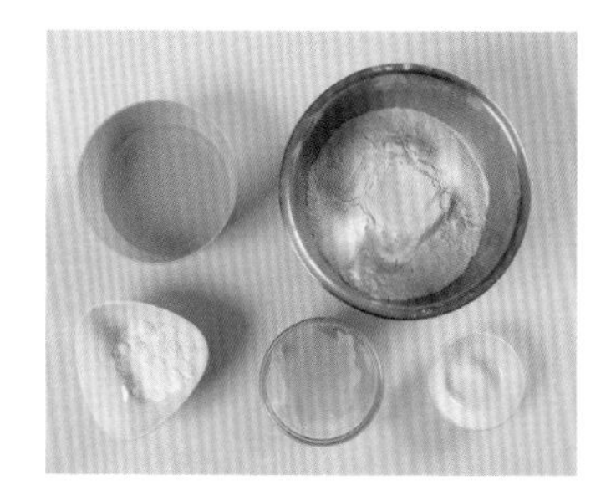

[油皮]

中筋麵粉............150g
糖粉......................12g
無水奶油..............40g
水 80g
鹽 2g

[油酥]

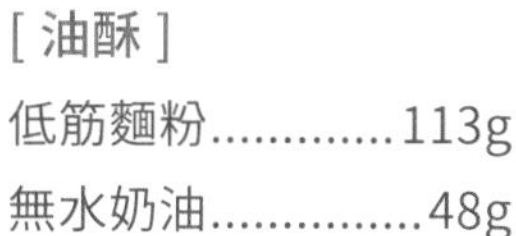

低筋麵粉............113g
無水奶油..............48g

[內餡]

奶油	25g	鹽	1g
糖粉	15g	紅豆沙	180g
奶粉	43g	夏威夷豆	100g
椰子粉	10g	麻糬	18g
蛋汁	15g		
鹹蛋黃	5 顆		
鹽	1g		

製作油皮

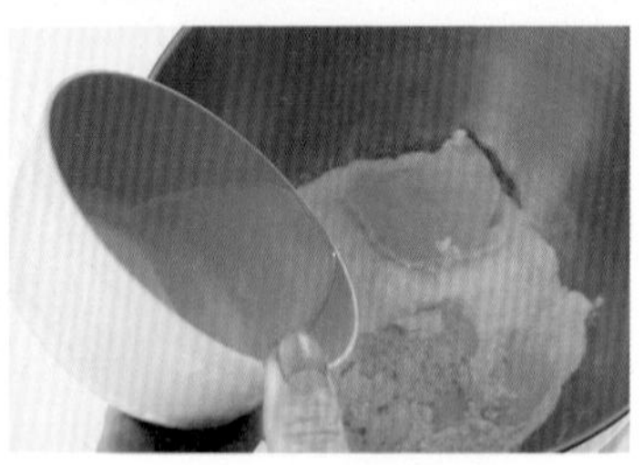

1 將糖粉過篩連同中筋麵粉及無水奶油與鹽一起倒入容器內。以低速攪打混合，倒入 2/3 的冰水攪打成糰後再加入預留 1/3 的水調軟硬度。

製作油酥

2 低筋麵粉過篩加入無水奶油一起打成糰。

3 連同油皮一起靜置 30 分鐘。

分割・整型

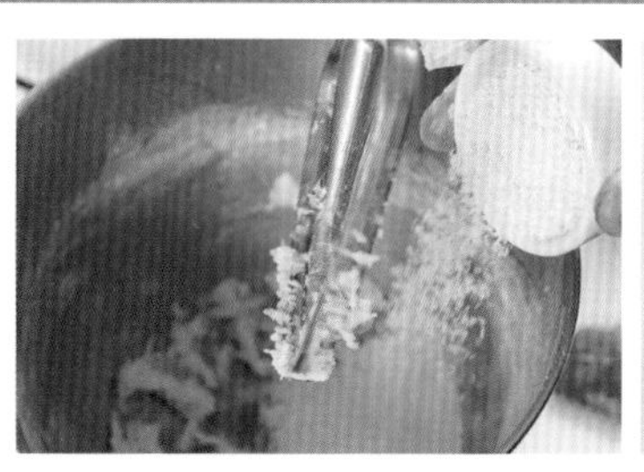

4 將內餡的奶油與過篩的糖粉先打軟，再依序逐一加入奶粉、椰子粉與鹽混合。

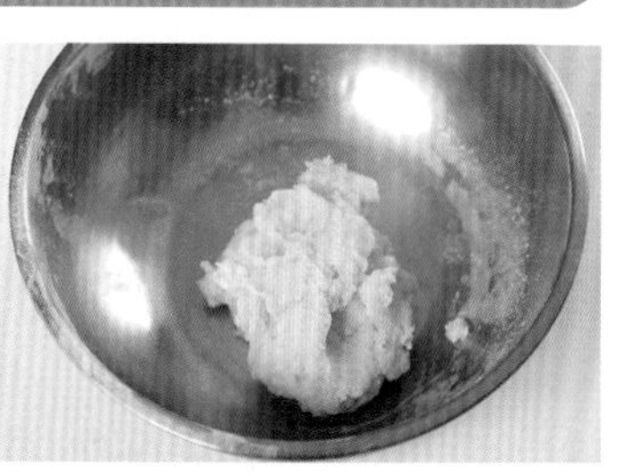

5 混合的過程若是太乾，可加入 15g 蛋黃液增加濕度，完成奶酥餡。

6 將內餡如紅豆沙、麻糬、夏威豆等等均分成 10 等分。

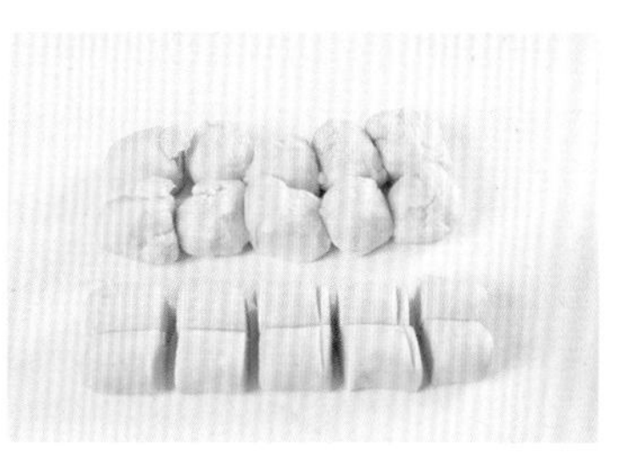

7 油皮和油酥均分成 10 等分。鬆弛 10 分鐘。

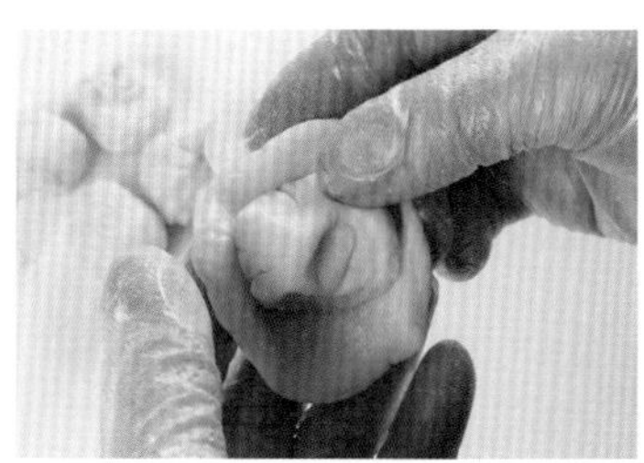

8 接著將油酥包在油皮內。先對摺再包起來。

9 包好的油酥皮，缺口朝上。

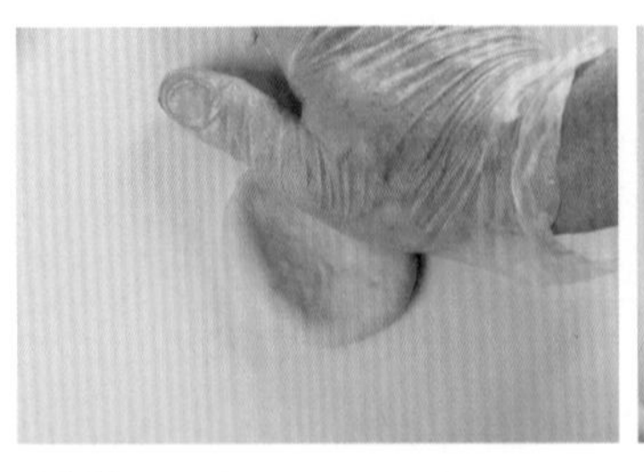
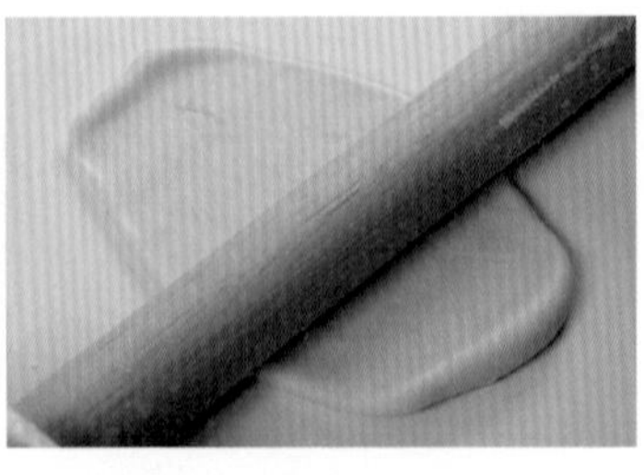

羅爸小叮嚀

★帝王酥分量十足，因此在麵皮上要有充分的休息時間，才會比較好操作。

10 第一次擀捲，沾點手粉，輕壓油酥皮，使用擀麵棍從酥皮中間壓下，再由中間先往上再往下將皮擀平。

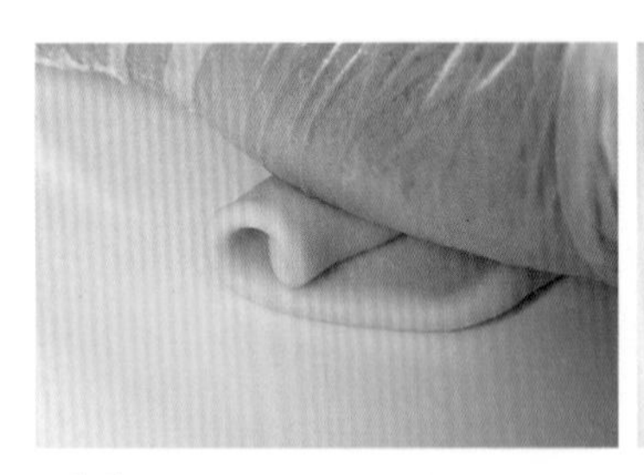
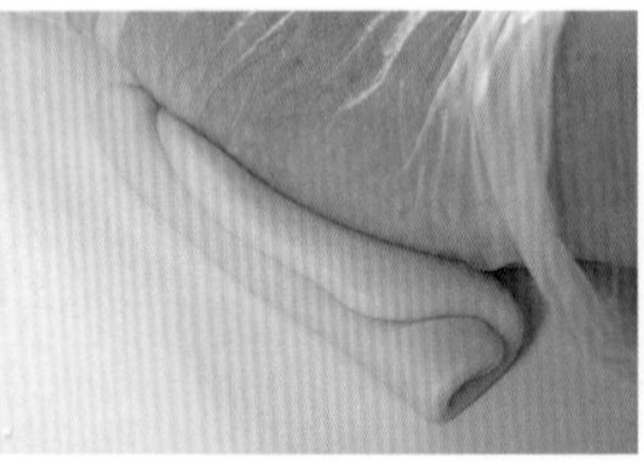

11 由上往下捲起麵皮，開口朝上，讓麵皮鬆弛 5 ～ 10 分。

12 第二次擀捲，先用手壓平酥皮，再用擀麵棍從中間輕輕壓下，再分別往上、往下地將酥皮擀長條狀。

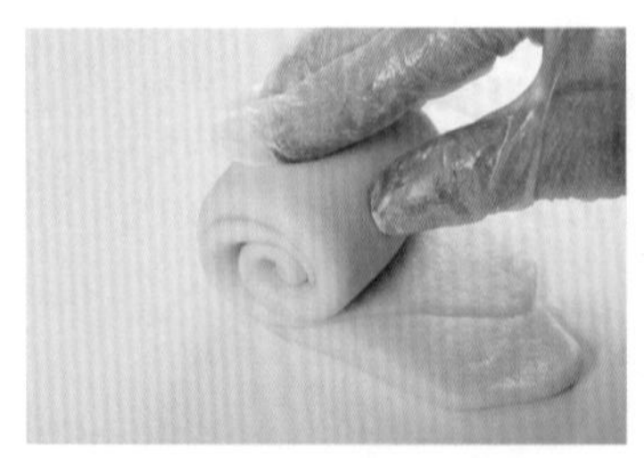
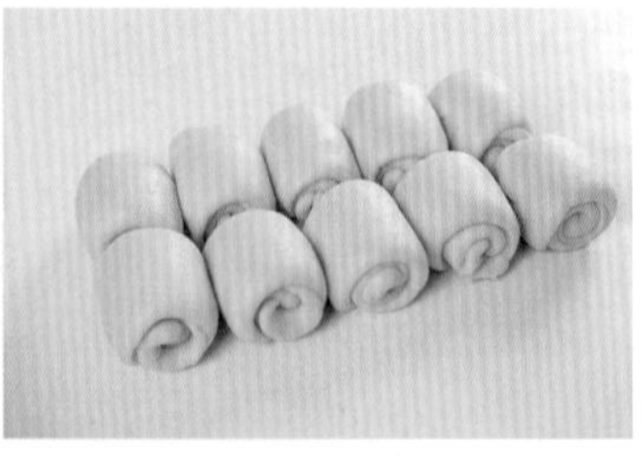

13 由上往下捲起油酥麵皮。

14 捲好油酥麵皮後，蓋起來讓麵皮鬆弛 5 ～ 10 分。

分割・整型

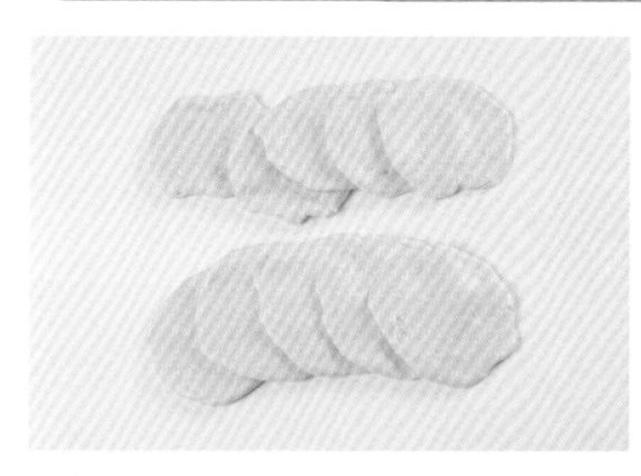

15 將鬆弛好的油酥麵皮，由中間輕壓，由內往外擀成圓形。一次擀好 10 等分的油酥皮。

16 取蛋豆沙餡，依序疊上奶酥、麻糬等餡料於麵皮上。

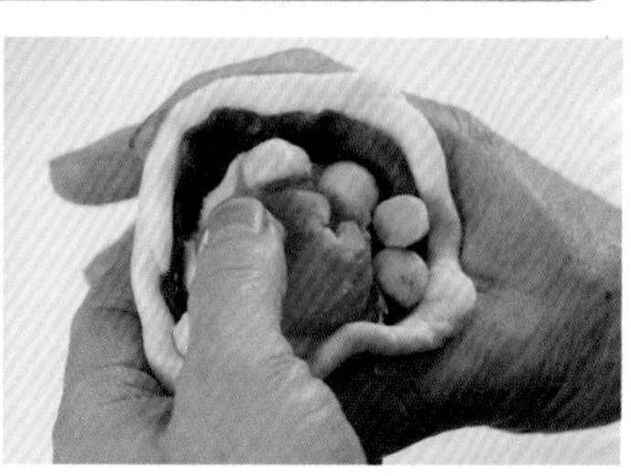

17 再堆疊上半顆蛋黃，周圍放夏威夷豆。

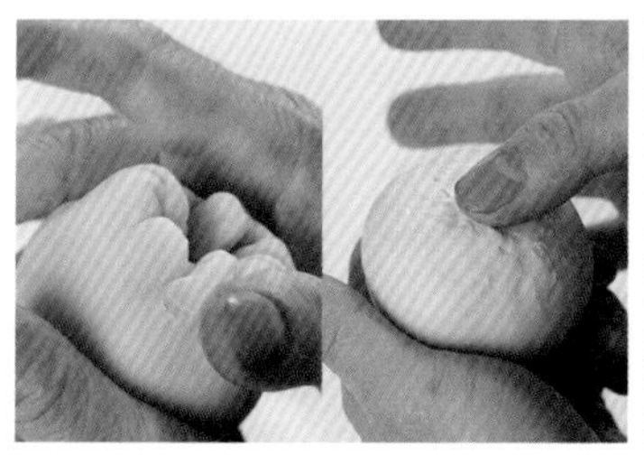

18 用大拇指虎口慢慢將收口收至完全密合，收尾的部分要輕壓平。

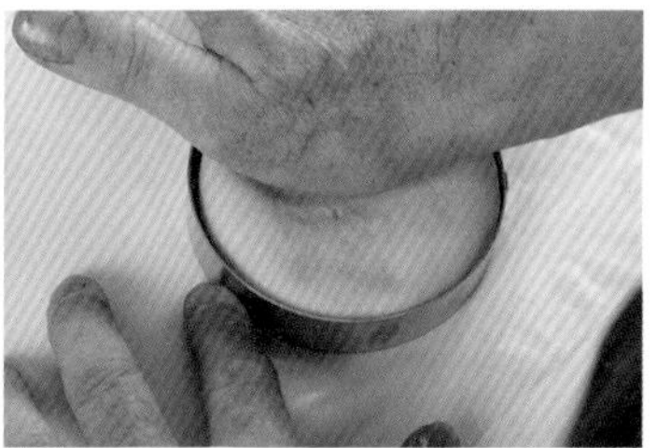

19 正面朝下，放在圓形模內用手掌輕輕壓平。

20 翻回正面，逐一放於烤盤上，並刷上一層蛋黃後，中間戳一洞做為排氣用。

21 灑上南瓜子，放入預熱好上火 220 下火 180 度的烤箱內烤 30 分鐘。

22 皇帝酥出爐。

肉脯豆沙大餅

烘培重點

烘王烤盤
41.5×33×3.5 公分
12 兩大餅模

第一階段
上火 170°C
下火 230°C
第二階段
上火 180°C
下火 180°C

第一階段
15 分鐘
翻面
第二階段
20 分鐘

常溫 7 天
冷藏 15 天

事先準備

- 香菜或是中式傳統糕餅印章
- 低筋麵粉和糖粉需過篩

材料

（份量／2 個）

[外皮]
中筋麵粉............120g
糖粉.....................22g
無水奶油..............36g
水 48g

[內餡]
綠豆沙 600g
豬肉脯 40g

[油酥]
低筋麵粉..............98g
無水奶油..............42g

製作油皮

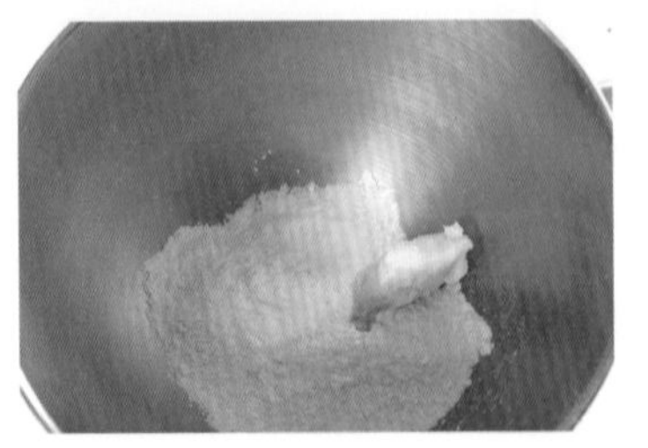

1 將糖粉過篩，加入中筋麵粉及無水奶油一起倒入容器內。

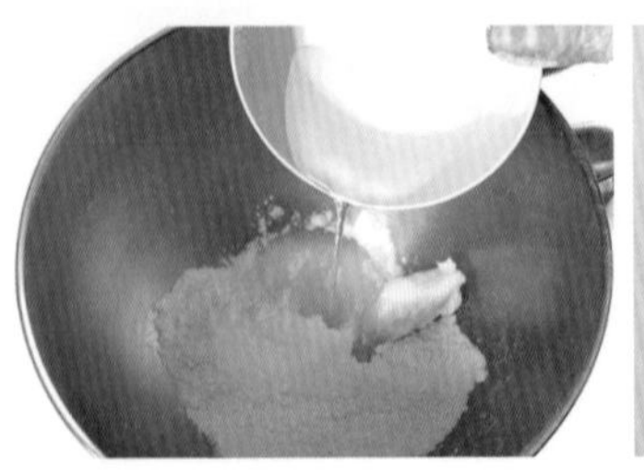

2 以低速攪打混合，再倒人 2/3 的冰水攪打成糰。(需留 1/3 調麵皮的軟硬度。)

3 麵糰取出，以袋子平裝放入冷藏靜置 30 分鐘。(記得邊打要邊刮鋼)

油酥

4 將低筋麵粉過篩和無水奶油打成糰後，一起和油皮靜置 30 分鐘。

分割・整型

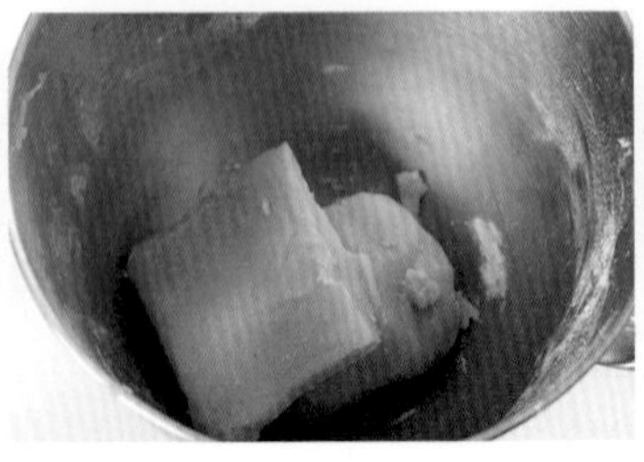

5 容器內放入白豆沙餡打軟成糰。可加一些奶油，入口性會更好。

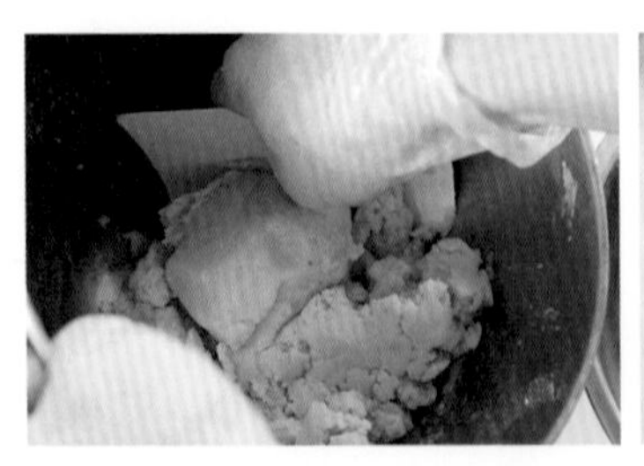

6 均勻打成糰的白豆沙餡。全部取出，並分成二等分。

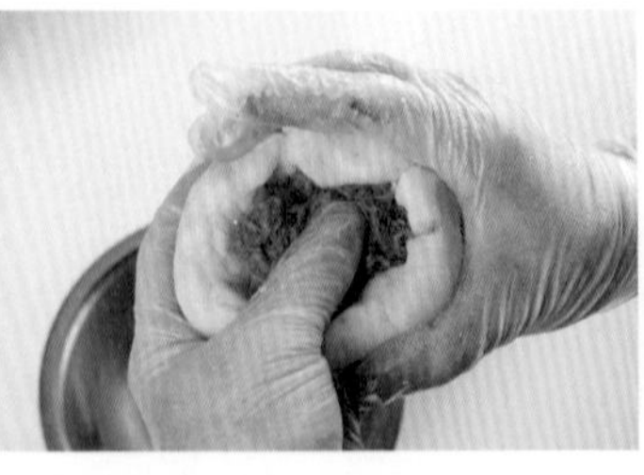

7 豬肉脯分成二等分，包入豆沙餡內。搓成圓形，用容器蓋起來以免水分蒸發。備用。

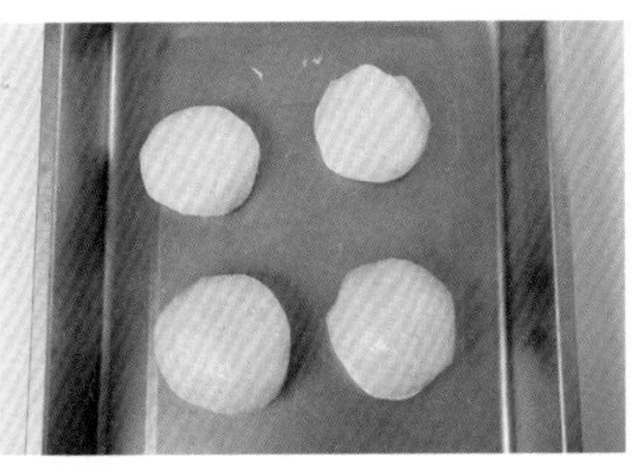

8 接著將油皮和油酥均分成二等分，搓成圓形後需讓麵糰鬆弛 10 ～ 15 分鐘。

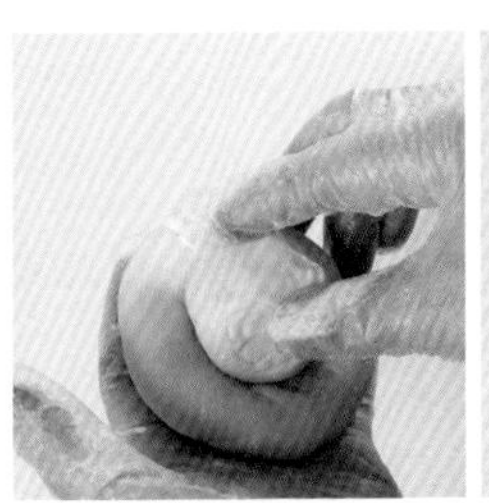
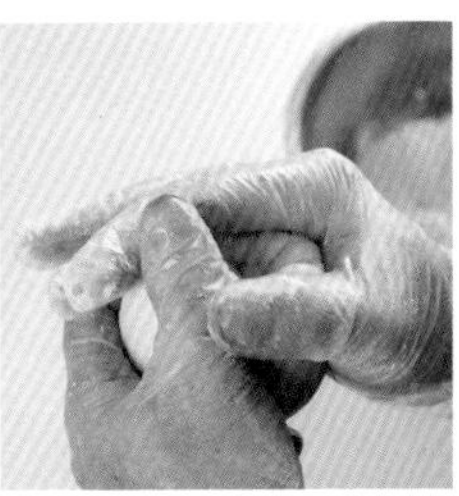
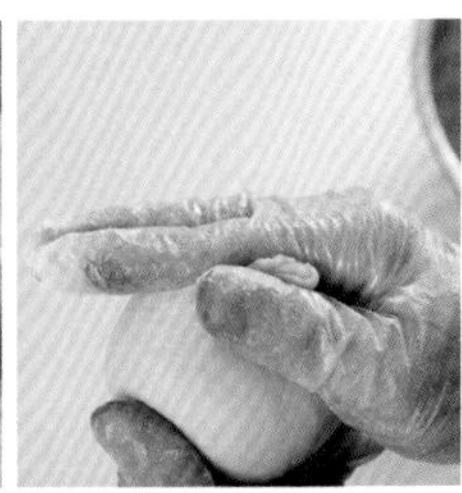

9 結合油皮和油酥。將油皮壓成扁平狀，包裹油酥，利用虎口邊包邊將縮口捏合成一圓形。

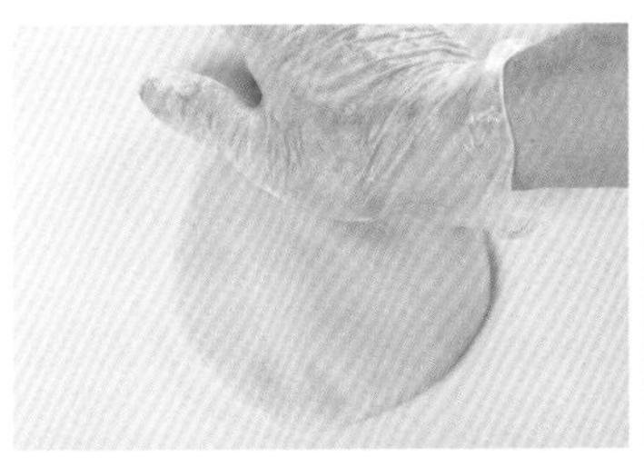

10 縮口朝下，由中間向外將油酥皮拍成圓扁形。

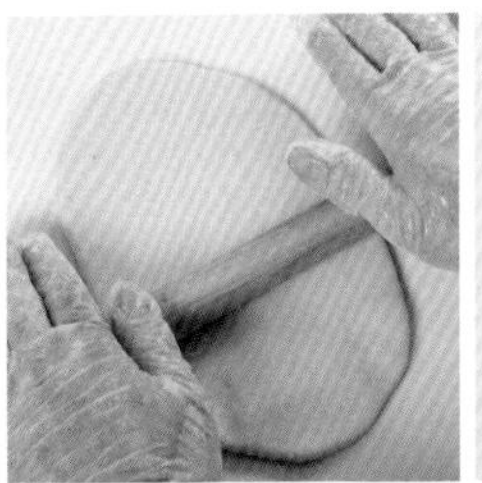
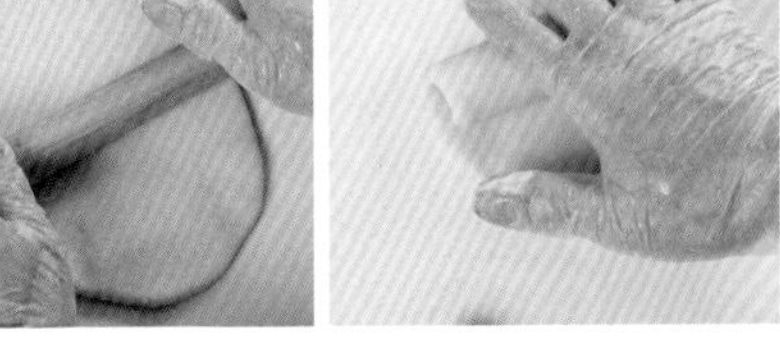

11 將油酥皮擀成長橢圓形，再由上往下捲，捲口朝上。捲好後，休息 10 分鐘。

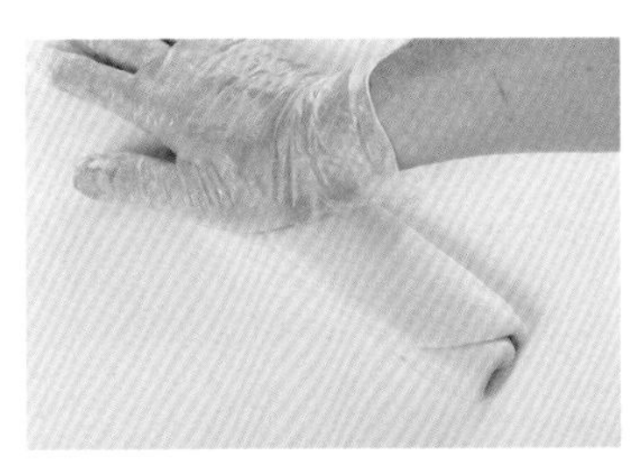

12 捲擀第二次，中間厚向二端拍扁，再擀成長條狀。

POINT ！

由側邊看，中間厚二側薄。

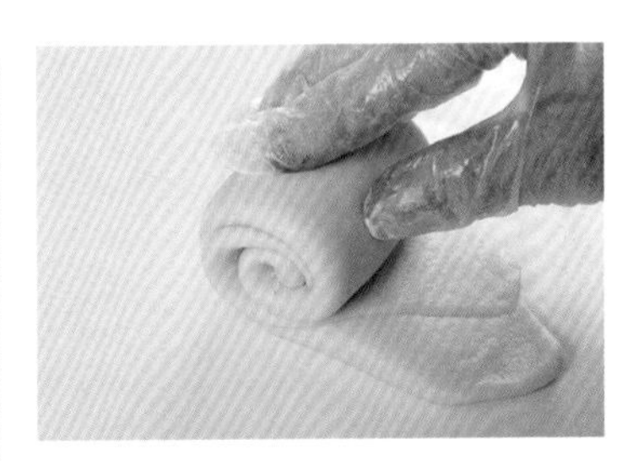

13 由下往下捲，捲出二圈半。

14 捲好二卷，先蓋起來讓麵糰鬆弛 10 ～ 15 分。

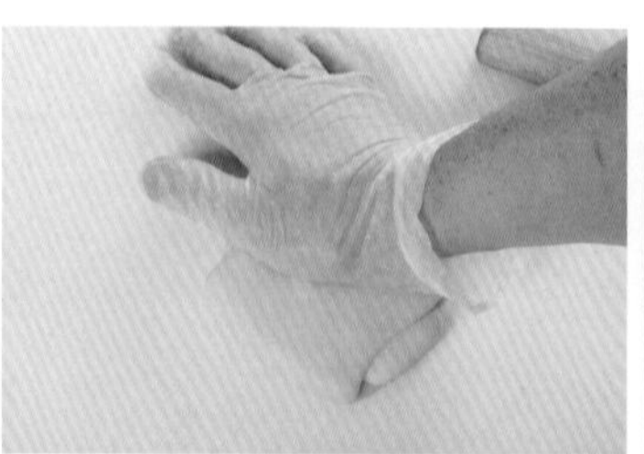

15 鬆弛好的麵糰，再擀成可以包住豆沙餡的圓形大小。(需比 12 兩的模圓框大)

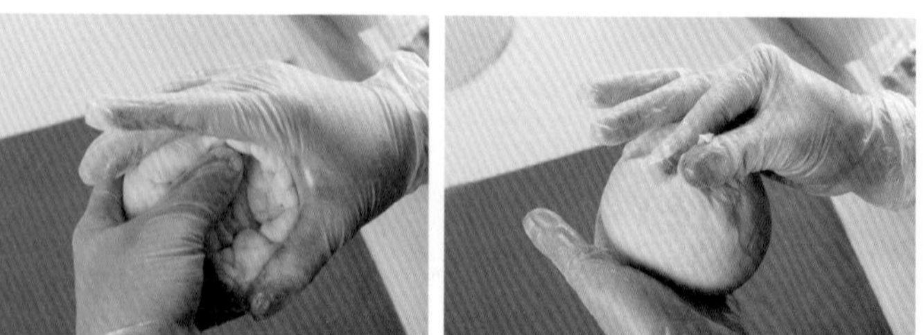

16 用手的虎口慢慢一邊轉一邊將豆沙餡包入油酥皮內。

17 最後將縮口縮平，下壓以免內餡溢出。包好後塑成圓形。

18 擺好裝飾，再將麵糰縮口朝上，漂亮面朝下放，讓麵糰再鬆弛 10 分鐘。

19 先壓後擀，擀成 12 兩模大的圓形餅狀。

20 取下圓框，將大餅翻回正面。可以再上面做裝飾。（若有蓋章需要先風乾再翻面）

21 再將大餅翻回背面，並用工具戳出小洞排氣。

22 送入預熱好上火 170，下火 230 度的烤箱內，烤 15 分鐘上色後，蓋上鐵盤，做翻面動作。

23 翻回正面後，在表面刷上一層蛋液。

24 入烤箱前，在正面刺一洞以免麵皮膨脹。烤箱上下火調 180 度再烤 20 分。

25 層次分明的大餅出爐。

芝麻金沙大餅

烘培重點

烘王烤盤
(35x25 公分)

8 吋的圈框
(12 兩大餅模)

第一階段
上火 170°C
下火 210°C
第二階段
上火 170°C
下火 210°C
第三階段
上火 150°C
下火 150°C

第一階段
25 分鐘
翻面
第二階段
5 分鐘
加奶油
第三階段
5 分鐘

常溫 7 天
冷藏 15 天

事先準備

- 白芝麻可先用小火炒熟，再壓碎。（也可用熟芝麻輾碎）

- 內餡的低筋麵粉用平底鍋慢慢炒出香味，顏色略帶黃褐

- 鹹蛋黃用上下火 150 度烤 18 分，噴完米酒再出爐

- 食材爲了好入口，金桔切成小碎塊，炒過的白芝麻也要輾碎

- 需另準備一盤生芝麻，做爲表面裝飾用
- 烤盤要先抹一層薄薄的油
- 烤箱預熱上火 170 度下火 210 度

材料

（份量／2 個）

[外皮]

中筋麵粉............220g
糖粉.....................42g
無水奶油..............85g
奶粉.....................12g
冰水.....................88g

[內餡]

無水奶油..............45g
水麥芽..................30g
全蛋.....................40g
熟芝麻..................20g
鳳梨餡..................50g
鹽........................少許
鹹蛋黃.............. 12 顆
芝士粉..................20g
奶粉.....................35g
桔餅.....................30g
低筋麵粉..............80g
葡萄乾..................30g
奇福餅乾碎末........60g
白砂糖..................50g
白芝麻...... 裝飾表面用

製作外皮麵糰

1 將糖粉過篩，加入中筋麵粉、奶粉及無水奶油一起倒入容器內。

2 以低速攪打混合，先倒入 2/3 的冰水攪打成糰。預留的 1/3 冰水用來調軟硬度。

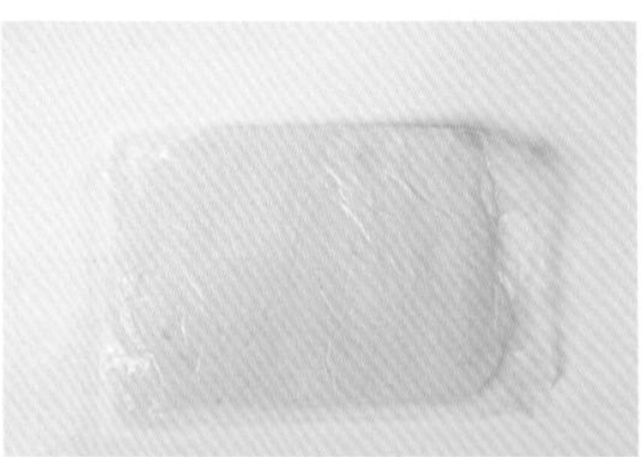

3 麵糰取出，以袋子平裝放入冷藏靜置 30 分鐘。

製作內餡

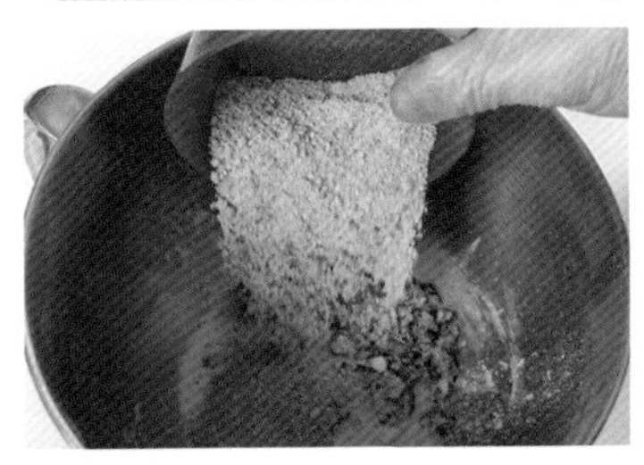

4 容器內將壓碎白芝麻、炒過的麵粉、奶粉、芝士粉、餅乾粉、葡萄乾依序倒入。

5 接著再倒入白砂糖、無水奶油、鳳梨餡、鹽、麥芽等所有的內餡材料一起入鍋，最後淋上全蛋液。

6 將全材料攪拌混勻後，再分成二等分，先放入冰箱冷藏備用。

7 將 12 顆鹹蛋黃打成碎末狀。同時也分成二等分。

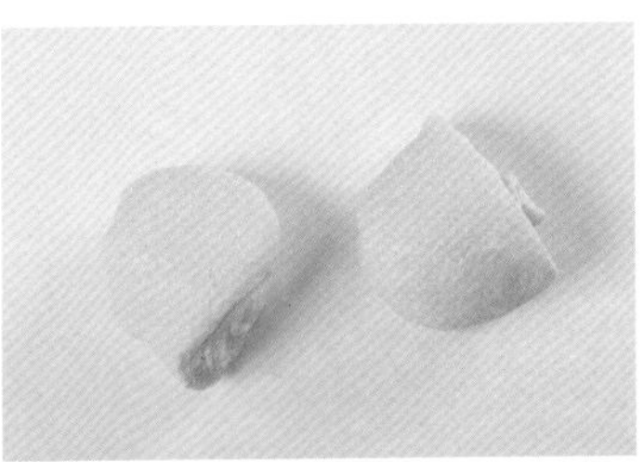

8 取出冰箱內的麵糰本皮，先搓揉醒麵糰後，再分成二等分。

9 麵糰塑成圓形，利用濕布或塑膠袋蓋起來，再鬆弛 15 分鐘。

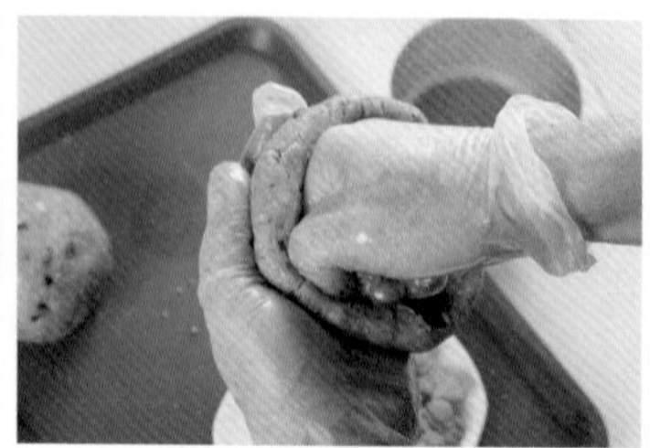

10 包蛋黃餡。步驟 6 的材料，以圓形先弄出一個碗狀。

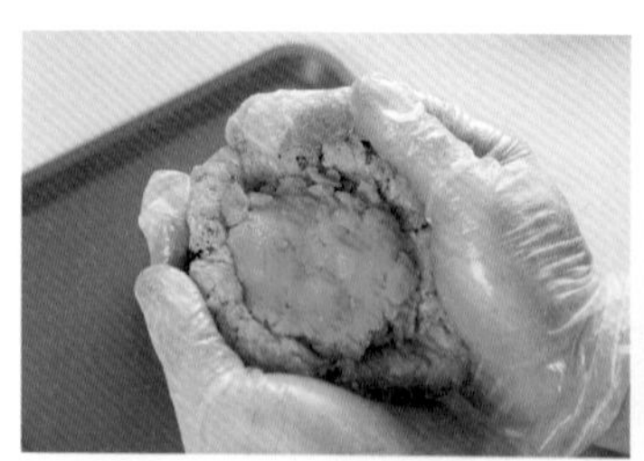

11 取一份蛋黃餡填充其內，並慢慢將蛋黃完整包覆起來。

12 搓成圓形，共二顆。

13 在烤焙布上將步驟 8 的麵皮先壓後擀平，大小約能包住餡料為主。

14 可以取出 12 兩約 8 吋的圓框比對，麵皮比框大一些即可。

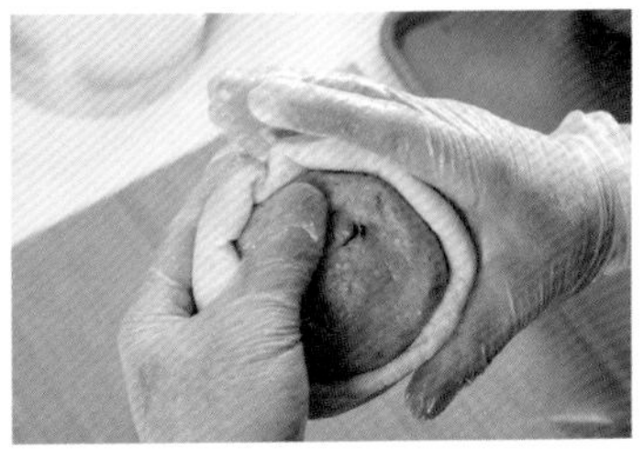

15 接著用麵皮包入內餡，包的技巧是邊轉邊用手的虎口將麵皮縮口。

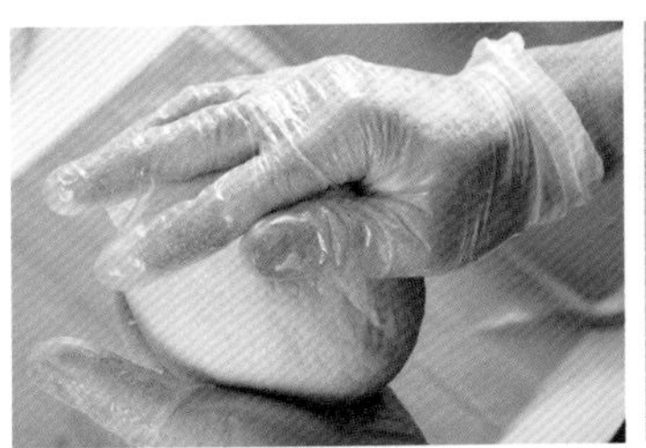

16 麵皮的縮口縮緊實，並將縮口朝上，放在圓框內。

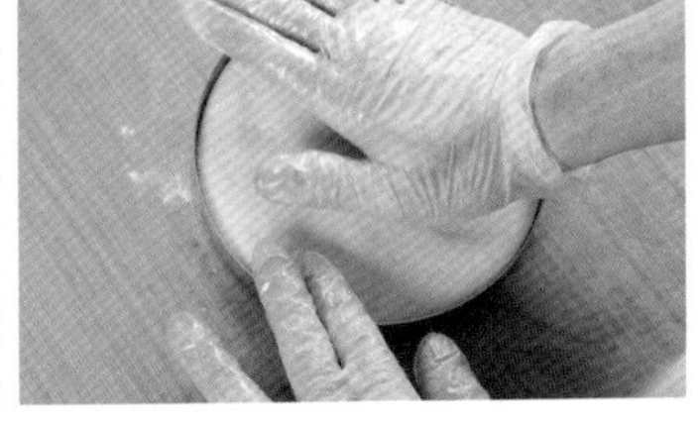

17 用手掌由中間向往推平，成為一個大餅模樣。

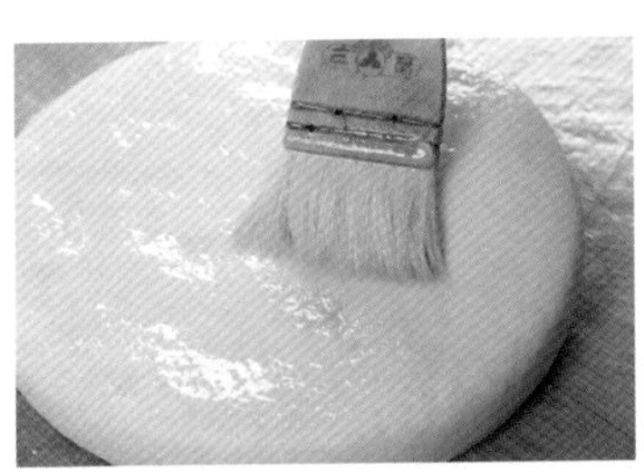

18 取下圓框，刷上一層蛋黃。

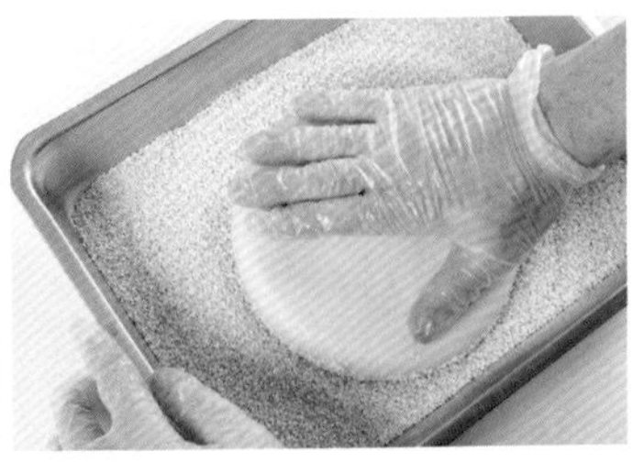

19 將刷上蛋黃的大餅，沾上滿滿的白芝麻，用手轉一轉會更平均，也會讓餅再大一點。

20 烤盤上刷上一層薄薄的奶油。

21 大餅放在抹好奶油的烤盤上，中間需切一道切口，讓烘烤時有空間可以膨脹。

22 入烤箱前將大餅翻面，芝麻朝下，背面戳一洞。放入預熱好上火 170、下火 220 度的烤箱內。

23 烤約 26 分鐘，取出翻面。再烤 5 鐘。

24 底盤再加入 20g 的無水奶油後，溫度調降。用悶的方式，5 分鐘讓餅皮自然吸收，會更香酥。

25 出爐的大餅先不急著取出，鋪上烤焙布，再用另一烤盤平壓約 10 分鐘，讓大餅更紮實。也可以放入烤箱內，讓水氣再度蒸發。

26 完成了美味的芝麻蛋黃香酥大餅。

羅爸小叮嚀

★鹹蛋黃最好買新鮮帶殼的回來自己撥，再用 150 度的上下火烤約 18 分金鐘，讓蛋黃微出油，再噴米酒再出爐，蛋黃會很美味。

★烤好的鹹蛋黃，可以將外皮的白色薄膜剝除掉。會讓口感更細緻。

奶香雙餡一口酥

烘培重點

烘王烤盤
41.5×33×3.5 公分

上火 210°C
下火 150°C

15 分鐘

常溫 10 天
以密封盒冷藏
可保存長時間

事先準備

- 無鹽奶油於室溫中回軟至表面用手指輕觸會出現指印的程度
- 餡料可以先搓成 24 公分長的圓柱狀
- 烤箱預熱上火 210°C下火 150°C

材料

[外皮]

無鹽奶油............110g
糖粉......................65g
全蛋......................30g
鹽 2g
奶粉......................20g
低筋麵粉............225g

[內餡]

紅豆沙餡............180g
土鳳梨餡............180g
黑芝麻 ....少許

1 將放軟的奶油和糖粉、鹽用慢速混合打到微微泛白。

2 加入全蛋增加濕潤度。

3 倒入過篩的低筋麵粉、奶粉拌成糰。放入冷藏約 30 分鐘，讓麵糰鬆弛後會較好操作。

4 將麵糰一分為二，一份做紅豆口味，一份做鳳梨口味。

POINT！

麵糰的軟度要能手輕鬆壓下去。

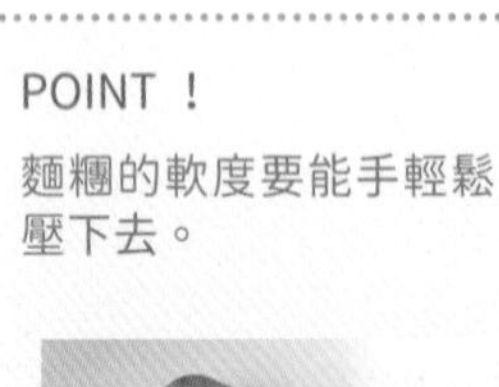

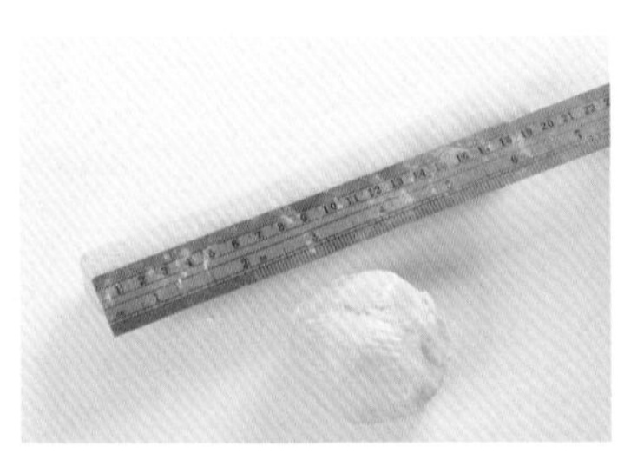

5 將麵糰搓成 20 公分長的圓柱狀。

6 利用二支平版尺，將麵糰擀平成長 24 公分寬 8 公分的長度。

7 將豆沙餡搓成 24 公分長的圓柱狀。鳳梨餡也相同哦！

8 麵皮上刷上一層蛋液增加黏著度。

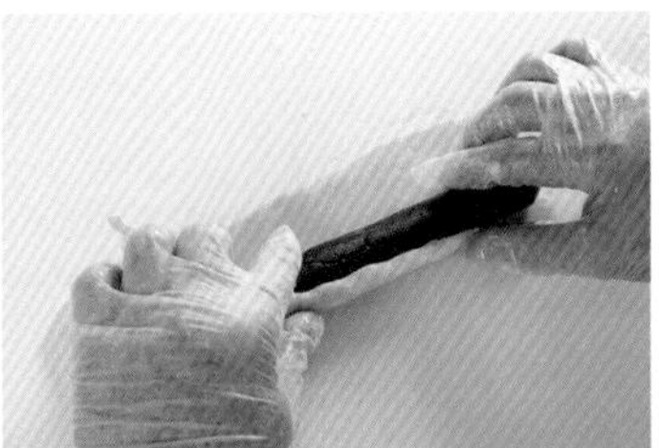

9 將麵皮將豆沙餡捲包裹起來。並搓圓柱狀。

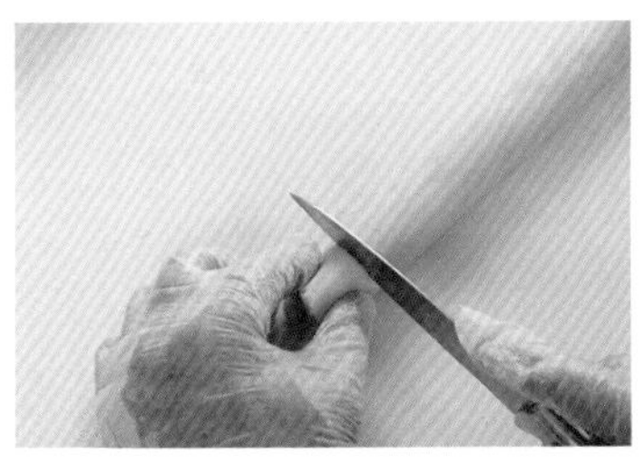

10 切掉頭尾多出來的麵皮。

11 可以整條刷上蛋汁。

12 再切成一口大小。

13 用手指沾上黑芝麻做為點綴。即可以放入預熱好上火 210 下火 150 度的烤箱內。烤 15 分鐘。

14 美味的一口酥即完成！

羅爸小祕訣

★抓取土鳳梨餡時，手最好抹點油會比較不黏手。

綿密的芋泥餡

在蛋糕夾層與糕餅的內餡中，絕對少不了的芋泥餡，自己動手做不含人工色素，還能吃得到芋頭的鬆軟顆粒，還能散發淡淡的奶香。

材料

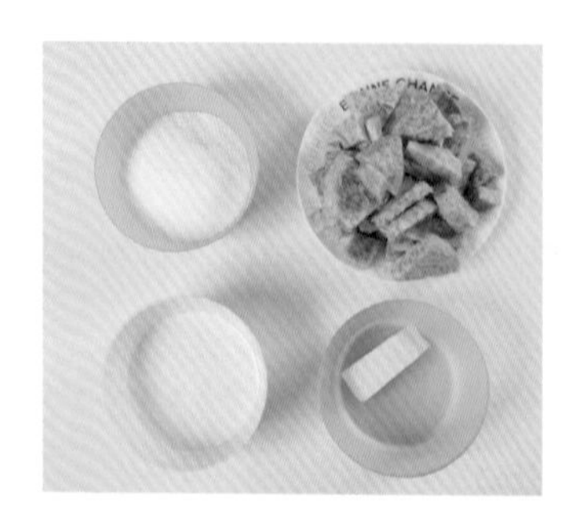

芋頭....................900g
細砂糖 150g
奶油......................30g
牛奶...........80 ～ 150g

（天然無添加的芋泥餡最好 3 ～ 5 天內食用完畢，不然很容易酸敗。）

做法

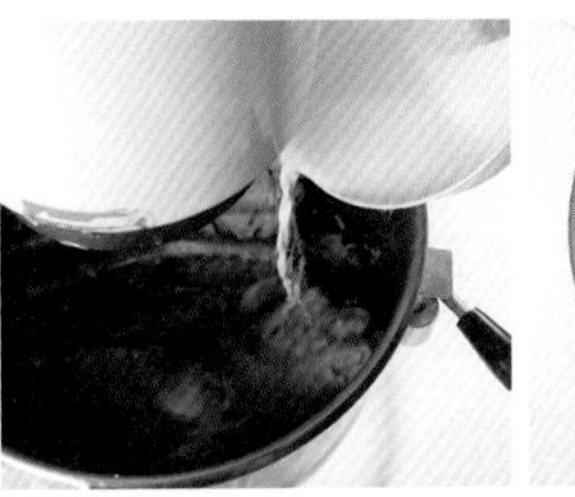

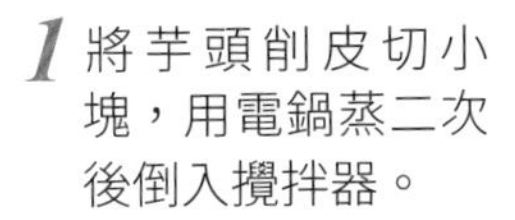

1 將芋頭削皮切小塊，用電鍋蒸二次後倒入攪拌器。

2 倒入攪拌器內，趁熱氣還在拌入細砂糖和奶油。

3 利用牛奶調節軟硬度。

羅爸烘焙小教室

芋頭怎麼挑

芋頭含有豐富的纖維質和澱粉。產季在每年的 10 月到隔年的 2 月是盛產期。因耕種的方式不一樣，中部產的芋頭香氣濃郁，而南部產芋頭則比較鬆軟。

不管芋頭的大小，挑選時要選圓潤飽滿，不要挑有腰身。澱粉質較高的芋頭肉會比較白。

削前不水洗，讓芋頭不咬手

很多人都有過削完芋頭，手癢不止。主要是「芋頭含有芋頭糖蛋白凝集素」、「草酸鈣」成分所引起。

建議讓芋頭保持表面乾燥，削之前不水洗。最好戴上手套再去皮。萬碰上芋頭上的黏液，可用鹽巴搓洗雙手，削好之後的芋頭再進行水洗處理。

紅茶卡士達醬

材料

牛奶....................300g
低筋麵粉...............16g
玉米粉..................16g
細砂糖..................50g
全蛋......................60g
無鹽奶油...............25g
立頓紅茶包...3至4包

做法

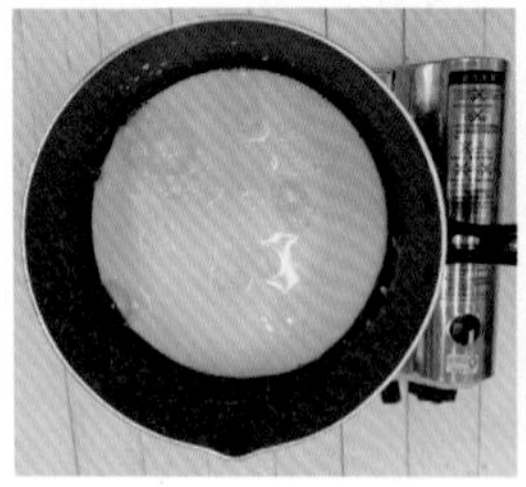

1 牛奶開小火慢慢煮到80度，鍋邊冒泡即可熄火。

2 加入紅茶包，蓋好蓋子泡5分鐘後撈起。

3 低筋麵粉過篩，加入玉米粉和白砂糖先混合。

4 加入全蛋快速攪勻。

5 倒入紅茶牛奶，邊倒邊攪勻。

6 以隔水加熱的煮法，邊煮邊攪成濃稠狀。

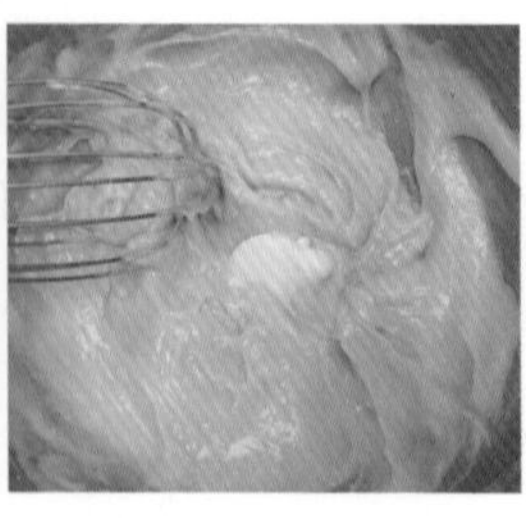

7 加入奶油，離火。攪至奶油融解。

8 待冷卻後，即可以容器盛裝起，做為填裝內餡使用。

黑糖珍珠煮法

材料

珍珠粉圓............300g
黑糖......................50g

做法

1 準備一鍋熱水煮滾。水量一定要足。

2 倒入珍珠粉圓煮滾，中間需每隔 5 分鐘攪拌一次，讓粉圓充分受熱。待粉圓全數浮起後轉小火煮約 20 分鐘。悶 20 分鐘。

3 用濾網把粉圓過濾出。

4 用冰水沖洗增加 Q 度。

5 冰鎮後的粉圓，瀝出冰水。

6 可依自己喜愛的甜度倒入適量的砂糖。將粉圓完全浸在糖水中，可以更入味。

保存重點：
煮好後的珍珠粉圓要在常溫下存放，放太久會讓珍珠變硬大大影響口感！因此煮完必須盡量食用完畢！

在家接單 5 大考量要素

烘焙很有趣，可以和全家人一起享受美味又健康的烘焙樂趣。然而一旦開始接受訂單，表示您的成品受到歡迎。這時就需要調整心態，考量自己的時間成本與售價的拿捏，才能有效益的「在家接單」。

考量 1 設備，影響到接單的量

當開始啟動接單模式，就會有衝動想要添購設備。雖然大烤箱能一次量產，但需注意有配電問題。若是訂單少，也會划不來。所以建議接單初期還是以現有設備為主，等到真的有需要再添購，會比較符合實際效益。

考量 2 製作時間要仔細記錄

每回把蛋糕送進烤箱，按下計時器。就開始期待成品的出爐。那不用烤的甜點要怎麼算時間？

每次製作品項，都需要包含備料的前置作業與最後的包裝與清潔時間，這些時間都是成本，所以都要仔細記錄，以免影響到售價部分。

考量 3 包裝與運送條件

從烤箱散發出香氣的烘焙甜點一旦出爐後，就會開始接觸外在的空氣條件。餅乾容易受潮，蛋糕容易碰撞……所以冷卻後是否需要立即包裝、冷藏……等問題都要事先考量。

善用包材，可以讓商品增加價格效能，也可以加強個人的品牌印象。所以出貨前記得要選好包材，也能保護好商品。

接單前，同時要考量到親送、自取或是需宅配的運送條件。尤其是節慶前的時間更要多加留意，若需要宅配在包材的選擇也要挑選能做固定商品的包裝盒，以免運送過程中受到碰撞而損傷。

考量 4 價格的堅持是對品質的信任

一件商品的定價，從食材的運用到包材的選擇與所花的時間和精神都是成就商品的品質條件。接到訂單不妨先跟顧客溝通，收取至少 5% 的訂金，以免顧客跑單浪費食材，若是遇到隨意砍價的顧客，也是有權利拒絕不接哦。

考量 5 研發新口味也別讓庫存成為壓力

坊間有許多創業課程。每種都有商機，要注意的是，有些商品需要搭配機器或是特殊烤具。若不是屬於自己的客戶族群，就得要考量此項投資是否會造成自己的壓力。若是屬於自己的強項，從中變化口味，並適時地改良與研發創造特色商品，也是一項樂於回收的投資。

羅爸經驗分享

圓形模具尺寸換算

接單時常常會遇到 8 吋蛋糕的食譜要改製成 6 吋或 7 吋的的蛋糕。
該怎麼換算？還是一樣做 8 吋，其它的留下來自己享用？
那 6 吋食譜要改成 8 吋就有困難了？學會換算就不用擔心囉！

步驟 1 計算圓形模具體積

計算公式為：體積＝半徑 × 半徑 ×3.14× 高度

※ 烤模尺寸雖然不同，但高度和 3.14 都是相同，所以我們只要考慮「**半徑 × 半徑**」這個部分。

步驟 2 算出半徑尺吋

- 先記住「一吋＝ 2.54 公分」。
- 以 8 吋模具來說直徑就是 8×2.54 ＝ 20.32 公分；半徑就是 10.16 公分。
- 以 6 吋模具來說直徑就是 6×2.54 ＝ 15.24 公分；半徑就是 7.62 公分。

步驟 3 當 8 吋換成 6 吋時，要先算出兩個的半徑 × 半徑。

- 8 吋：10.16×10.16 ＝ 103.22
- 6 吋：7.62×7.62 ＝ 58.06

步驟 4 以 8 吋為標準換算成 6 吋，將 6 吋除以 8 吋。

58.06÷103.22 ＝ 0.56

※ 這裡的 0.56 表示，8 吋烤模食材份量 ×0.56 ＝ 6 吋烤模食材分量

6 吋圓模換算成 8 吋的比例：

- 6 吋：7.62×7.62 ＝ 58.06
- 8 吋：10.16×10.16 ＝ 103.22

103.22÷58.06=1.78

也就是說 6 吋的食譜要做成 8 吋的，就要所有的食材 × 上 1.78 倍就可以囉！

★接單需要烘焙執照嗎？

從純分享到實際操作，相信喜歡烘焙也愛吃的人都並非科班出身。雖然在家接單不需執照，但開店就需要有哦！

★如何考照？

目前政府有提供一些相關的優惠教學，也有跟學校做產業合作。想要獲得資訊的朋友，可以到勞工局的網站查詢相關考證課程。

烘焙常見成本計算方法 Q&A

Q1 家中沒有營業用的大烤箱，若以一般烤箱進行，會建議用多少容量及功能性的呢？

A 雖然烤箱越大，一次可以生產的數量多，在時間和成本上也相對降低。但是營業用的烤箱還需另外配電，建議一開始先用「家用烤箱」，以40 公升、可調上下火為佳，就足以應付小量接單和各式蛋糕、餅乾、糕餅製作，等到真的確定要全心做這個事業、訂單總是接不完時，就可以考慮買營業用的大烤箱。

Q2 要如何估算成本、利潤以及訂售價？

A 計算商品成本時，「食材、製作時間、水電、個人薪資、包材和運送」都需要列入進去，以方便估算利潤和訂出適合的售價，也可以透過網路找尋相關商品的價格，做為參考。

原則上，食材的等級會直接反應在成本的高低，像是奶油，就分成普通的無鹽奶油和發酵奶油，加上產地的來源和風味的製程因素，發酵奶油的價格比普通奶油就稍微高一些。製作出的口感也會有差異性，就要端看自己對品質的需求和售價而定。

▪ 看不見的水電也是成本

烘焙點甜洗刷的工具不少，開備料烤箱預熱，電就開始計算。我們以平均來抓：

1 度的「水電」，約落在 4 ～ 5 元左右，而水費計算方式比較複雜，以一般家庭正常使用來說，每個月落在 100 元左右。烘焙時，用電最多的就是烤箱，接下來，教大家如何計算烤箱的電費：

羅爸小教室

以 40 公升烘王烤箱每小時消耗功率 1500 瓦計算，使用烤箱 1 小時所需要用的電費：

1,500W÷1,000W ＝ 1.5 倍
4.5 元 ×1.5 倍＝ 6.75 元

※ 備註：「1 度電」就是耗電量 1,000 瓦特 (W) 的用電器具，連續使用 1 小時 (H) 所消耗的電量。

薪資部分，根據勞動部 110 年規定，時薪為 160 元計算。那麼當一個個點心製作好後，要如何安全送到顧客手中？這時包裝和運送就很重要了，記得要將包材和運送費用也列入成本之一。

計算好以上這些費用後，接下來就是要訂出合理售價了！一般來說，起司類的蛋糕淨利可以達到 5 成左右，而餅乾、糕點、點心等可以達到 3 ～ 4 成。假設成本是 200 元，想要賺 4 成，算法是：

售價＝成本 ÷(1-40%)，也就是 333 元＝ 200÷(1-40%)。

以書中的菠蘿蛋黃酥為說明：

❶食材成本

名稱	份量	每克價錢	總計
中筋麵粉	90g	0.1	9
無水奶油	30g	0.52	15.6
糖粉	5g	0.075	0.4
冰水	50g	0	
低筋麵粉	90g	0.1	9
無水奶油	40g	0.52	20.8
發酵奶油	36g	0.38	13.7
白砂糖	36g	0.08	2.88
全蛋	25g	0.2	5
高筋麵粉	72g	0.1	7.2
豆沙	25g	0.1	2.5
鹹蛋黃	10 顆	8	80

合計：166.08 元 ×2 份 =332 元

❷電費

製作蛋黃酥	1.5 小時
烘烤	1 小時
總時數	2.5 小時
電費 (6.75/1 時)	16.8

註：油皮和菠蘿都需要鬆弛時間，
製作時間會拉長
另外，蛋黃也要事先烘烤。

❸個人成本

備料	1 小時
製作時間	1 小時
包裝	30 分
事後清潔	30 分
總計	3 小時
薪資 (160/ 時)	480 元

❹包裝

包裝盒 + 提袋	30 元

❺末端售價 20 個

食材成本	322
電費	16.8
個人薪資	480
包裝	30 元
運費 (親送)	0
總計成本	859
利潤 (抓 3 成)	
服務費	1227
每顆成本	61 元

註：因為以少量計算，成本就會提高，若是一次能製作 20 顆以上，就能分攤固定的成本。像是備料／電費／清洗費用等。

Q3 如何換算本書食譜配方，符合自己接單的數量呢？

A 基本上，1 個 8 吋，可以做 2 個 6 吋的；2 個 8 吋，可以做 1 個 10 吋的。舉例來說，接到戚風蛋糕 8 吋 2 個的訂單，書中使用的配方是 6 吋 2 個，由於 2 個 6 吋等於 1 個 8 吋，此時只要將配方克數直接乘於 2 倍即可。

Q4 蛋糕、餅乾和月餅類的商品，在包裝上有什麼注意事項？運送要如何安排？

A 良好的包裝可以避免商品因碰撞而損毀，目前市面上許多烘焙材料行或是專業包材專賣店都有販賣各式各樣的包材，可以依照自己的需求進行選購。

▪ 餅乾類：

具有酥脆的特性，很容易在運送過程中碎掉，若使用包裝袋的話，一定要用封口機封住，防止空氣進入；或者也可以使用塑膠盒、鐵盒等容器包裝，建議在空隙處塞滿氣泡紙，不但可以將餅乾固定，也能緩衝撞，減少碎掉的機會。特別注意的是，餅乾一定要完全烤透，放涼後再密封，可放入一包乾燥劑或脫氧劑，保持產品的乾燥、維持酥脆的口感。

▪ 蛋糕、起司類：

蛋糕，因質地軟，較容易在運送過程中位移或變形，在包裝上需要更費功。

包裝方面：可以挑選具固定不會傾倒的蛋糕盒設計。或是利用手邊的現材，像是用膠套或是夾層間格來固定。至於運送，可以搭配快送人員或是具有用冷藏或冷凍設備的貨運公司。

▪ 糕餅類：

一般的月餅禮盒，可以放置 4 至 12 個小月餅，而且包裝盒裡面通常要有內襯，主要是為了保護盒內的產品。

Q5 一次接到大量的訂單，有蛋糕、餅乾、月餅類，製程上要如何安排才比較好呢？

A 首先，須了解每個品項製作時間、保存期限以及包裝，建議先從賞味期最長的開始製作，如餅乾、糕餅類，最後才是需要冷凍或冷藏的蛋糕類。如果遇到節慶（例如過年、中秋節、聖誕節等），正是宅配最忙碌的時候，在接單的同時需要好好考慮宅配是否來得及送到顧客手中，以免延誤送貨，讓商譽受損。

繪虹
國家圖書館出版品預行編目（CIP）資料

在家狂接單！羅爸極速秒殺烘甜點 / 羅因福著 .-- 初版 .--
新北市：大風文創 ,2021.09 面；公分（黑貓廚房 79）
ISBN 978-986-06701-2-7（平裝）

1. 食譜

427.16 110012217

黑貓廚房 79

在家狂接單！羅爸極速秒殺烘甜點

作　　者／羅因福 (羅爸)
執　　編／王義馨
校　　對／曹家齊
封面設計／ N.H.design
內頁設計／ N.H.design
攝　　影／詹建華
攝影助理／張旭榮
編輯企劃／繪虹
發 行 人／張英利
出 版 者／大風文創股份有限公司
電　　話／（02）2218-0701
傳　　真／（02）2218-0704
網　　址／ http://windwind.com.tw
E-Mail ／ rphsale@gmail.com
Facebook ／大風文創
地　　址／ 231 台灣新北市新店區中正路 499 號 4 樓

台灣地區總經銷／聯合發行股份有限公司
電　　話／（02）2917-8022
傳　　真／（02）2915-6276
地　　址／ 231 新北市新店區寶橋路 235 巷 6 弄 6 號 2 樓

港澳地區總經銷／豐達出版發行有限公司
電　　話／ (852)2172-6513
傳　　真／ (852)2172-4355
E-mail ／ cary@subseasy.com.hk
地　　址／香港柴灣永泰道 70 號柴灣工業城第二期 1805 室
初版一刷／ 2021 年 09 月
定　　價／新台幣 450 元